W0038762

Inhalt

7   Einleitung – Wie der Mensch auf das Tier kam

11   Eine Riesenratte als Laborarzt

14   Dr. Hund

17   Gefiederte Radiologen und Kunstexperten

20   Miniaturchirurgen

24   Ein Wurm als Heiler und Multifunktionsapotheke

27   Die Bandwurmdiät

31   Ein Schwangerschaftstest mit vier Beinen

34   Ein Rochen als Anästhesist?

37   Helfende Hände

40   Wunderheiler mit Flossen?

45   Ein Käfer für die Potenz

48   Der Sommergras-Winterwurm

51   Im Fisch-Spa

55   Krötenlecker

59   Tiere als Drogenkuriere

62   Ein Trüffelhund als Trüffelschwein

66   Der Würchwitzer Milbenkäse

69   Elchkäse

72   Katzenkaffee

77   Eine Fliege gegen den Welthunger

80   Die Laus im Lippenstift

84   Die Farbe der Cäsaren

87   Die goldene Spinnerin der Meere

91   Das goldene Cape
94   Papier, Eis, Parfüm – entscheidend ist, was hinten rauskommt
97   Muscheln und Federn
101   Schwamm drüber
105   Fischereigehilfen
108   Von der Kunst des Frettierens
111   De arte venandi cum avibus
116   Gefiederte Hüter eines Weltreiches
119   Laika, Ham und eine ganze Menge Bärtierchen
126   Die Panzer der Antike
129   Tierische Spione – Pleiten, Pech und Pannen
133   Ratten in humanitärer Mission
136   Adler als Drohnenjäger
139   Die Raubvogelpolizei des Kremls
142   Die Affenschule von Surat Thani
145   Ein Esel als Schäferhund
148   Flughafenbienen
150   Rent an Ent
153   Vierbeinige Altertumsschnüffler
156   CSI-Specialagents
159   Der Wetterfrosch
160   Können Tiere wirklich Erdbeben vorhersehen?
163   Millionen, Doping und Roboter
166   „Snake-Charmer" oder der Schwindel mit der Giftschlange
170   Geflügelte Gladiatoren
173   Miniaturartisten

178   Literatur
192   Bildnachweis

Mario Ludwig

TIERISCHE JOBS

Einleitung – Wie der Mensch auf das Tier kam

Mensch und Tier haben eine lange gemeinsame Vergangenheit. So geht man heute davon aus, dass spätestens vor etwa 15 000 Jahren bereits Haushunde gezüchtet wurden, um dem Menschen zunächst als Jagdhelfer und später als Hüte- bzw. Wachhunde zu dienen. Wann und wo der Wolf zum Hund wurde, ist in der Wissenschaft allerdings umstritten. Nach einer Studie der Universität von Oxford aus dem Jahr 2016, in der die genetischen und archäologischen Daten von prähistorischen und modernen Hunden ausgewertet wurden, ist der Wolf sogar zweimal völlig unabhängig voneinander domestiziert worden: einmal in Asien vor rund 15 000 Jahren und dann nochmal vor etwa 12 500 Jahren in Europa. Will heißen, alle heute lebenden Hunde stammen von zwei unterschiedlichen Wolfspopulationen ab. Die Nachkommen dieser beiden Populationen haben sich allerdings vor etwa 5000 Jahren, als Menschen aus Asien zusammen mit ihren Hunden nach Europa eingewandert sind, miteinander vermischt.

Eine Untersuchung aus dem Jahr 2017, an der auch Wissenschaftler der Universitäten in Mainz und Bamberg beteiligt waren, kommt dagegen zu dem Schluss, dass der Wolf nur an einem Ort gezähmt wurde. Wo diese Domestizierung stattgefunden hat, konnten die Forscher allerdings nicht herausfinden.

Aber auch auf welche Weise der Wandel vom Wolf zum Hund stattgefunden hat, ist unbekannt. Es gibt mehrere Hypothesen. Eine dieser Hypothesen besagt, dass unsere Vorfahren, aus welchem Grund auch immer, einst verwaiste Wolfswelpen bei sich aufgenommen und aufgezogen haben. Nach einer anderen These ging die entscheidende Initiative nicht vom Menschen, sondern von den Wölfen aus. Als die Menschen einst sesshaft wurden, lungerten vermehrt Wölfe in der Nähe der Siedlungen herum in der Hoffnung, Abfälle, wie ein paar schöne Knochenreste, ergattern zu können. Sehr wahrscheinlich waren diese Wölfe, die in der strengen Wolfshierarchie weit unten standen, nicht so scheu wie ihre Artgenossen. Und diese Wölfe passten sich dann offensichtlich in ihrem Verhalten den Menschen an. Irgendwann erkannten die Menschen den möglichen Nutzen der Wölfe und bildeten sie zu Jagd- und Wachhunden aus. Auf diese Weise lernten diese Wölfe, allmählich mit den Menschen zu kommunizieren, zu gehorchen und zu dienen, und wurden letztendlich zu Hunden. Wahrscheinlich wählten unsere Vorfahren zunächst die zahmsten Wolfswelpen zur Ausbildung aus.

Die verschiedenen Hunderassen entstanden dann durch gezielte Züchtung. Schon im Mittelalter wurden Hunde gezüchtet. Man schätzt, dass es damals in Europa etwa 7 bis 12 unterschiedliche Hunderassen gab. Die Menschen wollten einfach spezielle Hunde für spezielle Aufgaben haben: Jagdhunde, Wachhunde, Kriegshunde oder Hütehunde. Die meisten Hunderassen sind allerdings erst im 18. Jahrhundert entstanden. Damals begann die gezielte Züchtung der Hunderassen, wie wir sie heute kennen. Heute gibt es rund 340 offiziell anerkannte Hunderassen und es kommen immer wieder neue Rassen hinzu.

Rein genetisch gesehen, steckt auch heute noch eine ganze Menge Wolf im Hund. Wölfe und Hunde stimmen von ihrer Gen-Ausstattung her zu 99 Prozent überein. Kein Wunder, schließlich ist der Hund rein wissenschaftlich gesehen lediglich eine Unterart des Wolfes.

Auf den Wolf respektive Hund folgten später bekanntermaßen Schafe, Ziegen, Rinder, Schweine, Kamele, Pferde und diverse Geflügelarten, um nur einige Tiere zu nennen, die als Nutztiere gehalten und gezüchtet wurden. Domestizierte Tiere ernährten Menschen mit

Fleisch, Milch oder Eiern, lieferten Pelze, Leder und Wolle für seine Kleidung und taten Dienst als Reit-, Trage- oder Zugtier.

Was aber viele andere Tiere darüber hinaus im Dienst des Menschen in der Vergangenheit geleistet haben und heute leisten, ist oft überaus erstaunlich und faszinierend zugleich, aber zum Teil leider weitgehend unbekannt. Oder hätten Sie gewusst, dass Stadttauben ganz leicht zu gefiederten Radiologen und Kunstexperten ausgebildet werden können, Fliegenmaden und Ameisen Kriminalisten zur Hand gehen, Kapuzineraffen verlässliche Helfer im Haushalt sind und Riesenratten sich gerade als überaus erfolgreiche Minensucher etabliert haben? Und wer hätte gedacht, dass man bei der Produktion des teuersten Kaffees der Welt nicht auf die Mithilfe von Schleichkatzen verzichten kann.

Aber auch in der Medizin hat sich einiges getan. Türkische Fische sind mittlerweile als Hautärzte aktiv, Delfine verdienen sich ihre Fische als Co-Therapeuten und sorgsam gezüchtete Blutegel haben bereits Tausende von Menschen vor einer drohenden Amputation bewahrt.

Einige andere Tiere, die in der Vergangenheit eine große Bedeutung hatten, sind dagegen heute fast vollständig in Vergessenheit geraten, wie etwa die „Spinnerin der Meere", die im Mittelmeer lebende Große Steckmuschel, aus deren Ankerfäden einst Muschelseide, das wohl kostbarste Textilmaterial aller Zeiten, hergestellt wurde. Oder wer erinnert sich heute noch, dass die erste medizinische Elektrotherapie mit einem überaus lebendigen Zitterrochen durchgeführt wurde.

Und zu guter Letzt gibt es auch Aufregendes von Tierarten zu berichten, von denen sich einige Herren der Schöpfung über viele Jahrhunderte hinweg die Lösung ihrer Potenzprobleme erwartet haben. Von all diesen ganz unterschiedlichen „tierischen Helfern" berichtet dieses Buch.

Ein Buch wie das vorliegende kann, bei der Vielzahl der teilweise überaus komplexen Themen, keinen Anspruch auf Vollständigkeit erheben. So wurde hier ganz bewusst darauf verzichtet, über die beklagenswerten Tiere zu berichten, die im wahrsten Sinne des Wortes als Versuchskaninchen in der Forschung ihr Leben lassen müssen. Ähnliches gilt, mit einer Ausnahme, auch für die zahllosen Tiere, die schon seit der Antike in unzähligen Kriegen als „tierische Soldaten" missbraucht wurden. Aber auch Lesern, die sich mit Themenkomplexen wie Bionik, Brieftauben oder Pferderennsport auseinandersetzen wollen, sei die oft reichlich vorhandene Spezialliteratur empfohlen. Sie werden sehen: Allein schon die Recherche bereitet viel Vergnügen!

Eine Riesenratte
als Laborarzt

Auch heute, in Zeiten modernster Medizin, ist Tuberkulose, folgt man dem überaus renommierten Berliner Robert-Koch-Institut, immer noch die weltweit am häufigsten zum Tod führende heilbare Infektionskrankheit.

Tag für Tag sterben rund 4500 Menschen an der Lungenseuche, die meisten davon in Afrika. Und jedes Jahr erkranken fast 10 Millionen Menschen neu. Ohne medizinische Hilfe breiten sich die Erreger über den Blutkreislauf aus, befallen die Organe und führen meist zum Tod. In Tansania ist Tuberkulose nach Malaria und Aids die dritthäufigste Todesursache. Zehntausende Tansanier sterben jährlich an Tuberkulose. Die meisten einfach, weil die Krankheit nicht rechtzeitig erkannt wurde. Rund zwei Drittel aller Tuberkulosepatienten in Tansania wissen in der Regel nicht, dass sie infiziert sind. Daher ist eine schnelle und zuverlässige Diagnose wichtig, um eine Ausbreitung der Krankheit zu verhindern. Die Infektionsrate bei Tuberkulose ist erschreckend hoch: Im Schnitt steckt jeder unbehandelte Tuberkuloseerkrankte rund ein Dutzend weitere Menschen an. Um eine Tuberkuloseerkrankung sicher zu diagnostizieren, werden üblicherweise Speichelproben der Patienten mithilfe von molekularen bzw. immunologischen Tests analysiert. Und genau hier liegt das Problem: Diese modernen Tests, die in Industrieländern absoluter Standard sind, sind jedoch für arme Länder wie Tansania meist völlig unerschwinglich. Deshalb werden in vielen tansanischen Krankenhäusern meist simple Lichtmikroskope zur Untersuchung der Speichelproben verwendet. Eine Methode, die zwar deutlich günstiger, aber auch deutlich ungenauer ist: Weniger als 50 Prozent der Proben werden per Mikroskop korrekt eingestuft. An dieser Stelle, man glaubt es kaum, kommen Tiere ins Spiel, die sich bei uns Menschen nicht gerade übermäßiger Beliebtheit erfreuen: Ratten. Aber bei Weitem nicht irgendwelche Ratten, sondern Gambia-Riesenhamsterratten, die größten Ratten der Welt. Dank ihres überragenden Geruchssinns können Gambia-Riesenhamsterratten nicht nur überaus erfolgreich bei der Minensuche eingesetzt werden (siehe Seite 133), sondern nach entsprechendem Training auch äußerst zuverlässig Tuberkuloseerreger in Speichelproben identifizieren. Erstaunlicherweise haben die Ratten bei der Identifikation von potenziellen Tuberkuloseerkrankten eine signifikant höhere Trefferquote als ein Labortechniker mit seinem Mikroskop. Und nicht nur das: Auch in Sachen Geschwindigkeit bei der Probenauswertung sind die tierischen Diagnostiker ihren menschlichen Kollegen weit überlegen. Benötigt ein Labormitarbeiter etwa 2 Tage, um 100 Proben auf Tuberkuloseerreger zu untersuchen, schaffen die Ratten das in gerade mal 20 Minuten.

Zu Tuberkuloseschnüfflern werden die Riesenratten von einer NGO-Organisation namens APOPO ausgebildet, die ihren Sitz in Morogoro in Tansania hat. Die Ratten werden schon als Jungtiere darauf trainiert, Tuberkulosebakterien in Speichelproben von Patienten zu erkennen. Die entsprechende Konditionierung erfolgt nach dem Belohnungssystem: Haben die Tiere eine Probe korrekt identifiziert, werden sie mit einer Portion des von ihnen so heißgeliebten Bananenbreis belohnt. Was genau die Ratten riechen, hat die Wissenschaft noch nicht herausgefunden. Sehr wahrscheinlich orientieren sich die tierischen Tuberkuloseschnüffler an den Substanzen Methyl-Phenyl-Acetat, Methyl-Nicotinat und Methyl-Panisat. Substanzen, die bereits in der Atemluft von Tuberkulosepatienten nachgewiesen worden sind.

Die Ausbildung der Ratten dauert rund ein halbes Jahr und ist mit 6000 bis 7000 Euro pro Tier nicht ganz billig. Aber langfristig gesehen ist das durchaus eine Investition, die sich lohnt: Eine ausgebildete Ratte kann bis zu 8 Jahre als Testerin eingesetzt werden.

Im täglichen Einsatz arbeiten die schnüffelnden Ratten als eine Art „Sicherheits-Backup", denn die APOPO überprüft mithilfe der Ratten die Speichelproben aus den entsprechenden Krankenhäusern erneut. Das Prozedere der Ratten-Diagnostik ist dabei vergleichsweise simpel: Beim Testvorgang selbst sitzen die Riesenratten in einer Plastikbox und untersuchen schnüffelnder Weise die Speichelproben, die zuvor von Technikern der Reihe nach unter kleinen Öffnungen der Plastikbox angebracht wurden. Befindet sich ein Tuberkuloseerreger in der Speichelprobe, verharrt die Ratte eine Weile mit ihrer Nase in der entsprechenden Öffnung. Dieses Verhalten gilt als positive Identifikation der Probe.

Fällt das Ergebnis der „Rattenschnüffelei" positiv aus, wird dies umgehend der jeweiligen Klinik mitgeteilt, sodass der Patient ausfindig gemacht und behandelt werden kann. Auf diese Art und Weise haben die Hamsterratten in Tansania bisher insgesamt fast 350 000 Speichelproben untersucht und dabei über 9000 fälschlicherweise als gesund eingestufte Tuberkulosepatienten identifiziert.

Dr. Hund

Hunde werden schon seit vielen Jahren von uns Menschen dazu eingesetzt, uns bei verschiedenen Tätigkeiten zu unterstützen. Zu den sogenannten „Gebrauchshunden" gehören Wachhunde und Blindenführhunde. Hunde werden aber auch dazu ausgebildet, nach Drogen, Sprengstoff oder Leichen und vermissten Personen zu suchen. Relativ neu ist jedoch der Einsatz von Hunden in der medizinischen Diagnostik. So gibt es neben Hunden, die bei Patienten Krebs erschnüffeln können, auch sogenannte „Diabetikerwarnhunde", speziell ausgebildete, sogenannte Assistenzhunde, die bei von ihnen betreuten Diabetikern gefährliche Schwankungen des Blutzuckerspiegels erkennen können. Die Hunde sind darauf trainiert, bei einem Diabetiker eine beginnende Unter- oder Überzuckerung festzustellen, seinen Besitzer darauf hinzuweisen und ihm anschließend eventuell auch noch Erste Hilfe zu leisten. Was einen gut ausgebildeten Diabetikerwarnhund so überaus wertvoll macht, ist die Tatsache, dass er nicht erst auf eine bereits eingetretene Unter- bzw. Überzuckerung reagiert, sondern diese schon im Vorfeld registrieren kann und so dem Diabetiker wertvolle Zeit verschafft, um seinen Blutzuckerspiegel wieder in Ordnung zu bringen.

Für den Diabetiker kann dieser Zeitgewinn überlebenswichtig sein: Bemerkt ein Diabetiker eine starke Unterzuckerung, zum Beispiel aufgrund einer Wahrnehmungsstörung, nicht rechtzeitig, kann dies in der Folge zu einem komatösen Zustand und letztendlich zum Tod führen.

Besonders gute Dienste kann ein Diabetikerwarnhund bei diabetischen Kindern leisten. Für den Fall, dass ein Kind im Schlaf unterzuckert, was bei Kindern vom Diabetes Typ 1 sehr häufig vorkommt, kann man dem Hund durch ein geeignetes Training beibringen, dass er die Eltern weckt.

Verantwortlich für diese unglaubliche Fähigkeit der Diabetikerwarnhunde ist vor allem der äußerst leistungsstarke Geruchssinn von Hunden. Die Riechschleimhaut von Hunden ist rund 150 Quadratzentimeter groß. Die von Menschen bringt es gerade mal auf 5 Quadratzentimeter. Entsprechend hat ein Mensch nur 5 Millionen Riechzellen, ein Hund dagegen über 200 Millionen. Dieser Supergeruchssinn befähigt einen Hund, selbst kleinste, chemische Veränderungen zu riechen, die durch Unter- oder Überzuckerung in der Atemluft bzw. im Schweiß eines Menschen entstehen.

Aber ein guter Geruchssinn allein macht noch keinen guten Diabetikerwarnhund aus. Mindestens genauso wichtig ist ein gutes optisches bzw. akustisches Vermögen. Mit diesen Fähigkeiten sind Hunde in der Lage, selbst kleinste Änderungen in der Haltung oder minimale ungewollte Bewegungen bei ihrem Besitzer zu registrieren. Zudem nehmen sie auch minimale Veränderungen in der Stimmlage von Herrchen oder Frauchen wahr. Auf diese Weise können sich Hunde ein sehr gutes Bild über die augenblickliche Befindlichkeit eines Menschen machen. Hilfreich ist aber auch, dass Hunde einen stark ausgeprägten Drang haben, sich an „ihren" Menschen zu binden und ihm im Bedarfsfall zu helfen.

Eine beginnende Unter- oder Überzuckerung zeigen Diabetikerwarnhunde ihrem Menschen dadurch an, dass sie ihn mit der Nase an Hand, Ohr, Bein und Mund anstupsen oder ihm die Pfote auflegen. Oft werden diese Signale noch durch ein lautes Bellen begleitet.

Aber Diabetikerwarnhunde müssen noch viel mehr können, als „nur" eine Über- oder Unterzuckerung rechtzeitig zu riechen. Nach ihrer bis zu 2-jährigen Ausbildung müssen sie noch folgende Tätigkeiten beherrschen: Blutzuckermessgerät bringen, Hausnotruf auslösen, Traubenzucker oder ein kohlenhydrathaltiges Getränk bringen, Hilfe holen, die Tür für Helfer öffnen. Und sie müssen auch „gewollten Ungehorsam" zeigen, indem sie beispielsweise im Ernstfall keine Treppen steigen oder die Straße nicht überqueren.

In den USA, den Niederlanden und Großbritannien werden schon seit über 14 Jahren Hunde zu Diabetikerwarnhunden ausgebildet. Bei uns in Deutschland wird diese Ausbildung erst seit 2007 angeboten.

Was ihre Ausbildung betrifft, gehen die Meinungen über Diabetikerwarnhunde weit auseinander. Manche argumentieren, dass man einen Hund nicht als Diabetikerwarnhund ausbilden kann, weil er dazu geboren sein muss, andere behaupten, dass sich eigentlich jeder Hund zum Diabetikerwarnhund ausbilden lässt – egal ob als Welpe oder erst als älterer Hund.

Nach Ansicht einiger Kynologen (Hundeforscher) sind Deutsche Schäferhunde am besten als Diabetikerwarnhunde geeignet, da sie im Gegensatz zu anderen Rassen ein stärker ausgeprägtes Bedürfnis haben („will to please"), ihrem Menschen zu gefallen und ihm zu helfen. Gute Erfahrungen gibt es aber auch mit Pudeln, Labradoren, Collies, Golden Retrievern, Australian Shepherds, Cocker Spaniels, Spitzen und Shelties. Inzwischen ist bei den Diabetikerwarnhunden fast jede Rasse vertreten. Wichtig für die Auswahl der Rasse ist es eher, dass der Hund zur gesamten Lebenssituation passt, also ob er groß oder klein ist, quirlig oder ruhig.

Im Gegensatz zu Blindenhunden übernehmen die Krankenkassen die Kosten für einen Diabetikerwarnhund nicht.

Gefiederte Radiologen
und Kunstexperten

Tauben erfreuen sich bei vielen Menschen nicht gerade einer übermäßig großen Beliebtheit. Schließlich gelten die „Ratten der Lüfte" doch als Schädlinge, die Krankheiten übertragen und, als wäre das nicht genug, auch unsere Häuserfassaden mit ihrem Kot verschmutzen und zerstören. Und für besonders intelligent hat man die ungeliebten Vögel lange Zeit auch nicht gehalten. Neuere Forschungen zeigen jedoch, dass genau das Gegenteil der Fall ist.

So weist beispielsweise eine Studie der amerikanischen Akademie der Wissenschaft nach, dass Tauben ein überragendes visuelles Langzeitgedächtnis besitzen. Die amerikanischen Wissenschaftler zeigten Tauben nacheinander zahlreiche Bilder mit unterschiedlichen Motiven und brachten ihnen bei, einen Schalter mit dem Schnabel zu betätigen, wenn sie ein Bild wiedererkannten. Alle Tauben konnten mindestens 800 Bilder wiedererkennen. Einige Tauben schafften es sogar auf bis zu 1200 Bilder – und das oft noch nach Monaten. Eine Leistung, die man einer Taube zuvor niemals zugetraut hätte und die Wissenschaftler der Universität von Iowa auf die Idee brachte, Tauben dazu auszubilden, auf histologischen Präparaten, sogenannten medizinischen „Gewebeschnitten", bösartige Zellwucherungen, sprich Tumore, von gesundem Gewebe zu unterscheiden. Eine nicht ganz einfache Aufgabe. Ein Pathologe braucht während seiner Ausbildung in der Regel Monate bis Jahre, um sich im Gewirr von diversen Farben und diversen Formen auf dem Objektträger zurechtzufinden und dann auch noch die richtige Diagnose zu stellen. Im Rahmen der Taubenausbildung zum Pathologen zeigten die Wissenschaftler den Vögeln in unregelmäßiger Reihenfolge Gewebeschnitte jeweils mit oder ohne Tumor. Die Tauben sollten jeden Schnitt dann durch das Antippen einer von zwei Tasten richtig zuordnen. War die Wahl richtig, gab es für die Tauben Futter als Belohnung. Nach und nach wurde die Schwierigkeit erhöht – die Tumore wurden in stärkerer Vergrößerung und auch mal in Schwarz-Weiß gezeigt. Später wurden den Tauben unbekannte Gewebeschnitte präsentiert und siehe da, auch hier konnten die Tauben mit 90-prozentiger Sicherheit gesundes Gewebe von Tumorgewebe unterscheiden. Die Tauben hatten also gelernt, ihre Erfahrungen zu generalisieren. Allerdings werden Tauben, trotz ihrer überragenden Diagnosefähigkeiten, in nächster Zeit wohl nicht in Arztpraxen oder Krankenhäusern menschliche Radiologen ersetzen, schon allein aus versicherungstechnischen Gründen nicht.

Offenbar können sich Tauben aus den genannten Gründen auch in der bildenden Kunst zurechtfinden – zumindest, wenn die Belohnung stimmt. Das haben Wissenschaftler der japanischen Keio-Universität herausgefunden. Die Forscher zeigten Labortauben auf einem Touchscreen in unregelmäßiger Reihenfolge jeweils vier Gemälde des Malers Vincent van Gogh und vier Gemälde des Malers Marc Chagall. Pickten die Tauben auf ein Gemälde von Van Gogh, gab es Futter als Belohnung. Pickten sie dagegen auf ein Gemälde von Chagall, gingen sie leer aus.

Und man glaubt es kaum, bereits nach neun Durchgängen hatten einige der Tauben gelernt, auch dann einen Van Gogh von einem Chagall zu unterscheiden, wenn sie das Gemälde noch nie zuvor gesehen hatten. Sie hatten also so etwas wie ein Gefühl für den Malstil der Künstler entwickelt. Nach einem Monat waren alle Tauben in der Lage, die Gemälde der beiden Künstler zu unterscheiden. Die Tauben schafften es sogar mit einer Trefferquote von über 90 Prozent, ein Van-Gogh-Gemälde zu identifizieren, wenn es zum Teil abgedeckt oder wenn am Bildschirm künstlich die Farbe verändert worden war.

Nach entsprechendem Training konnten die Tauben übrigens genauso gut Gemälde von Pablo Picasso von solchen von Claude Monet unterscheiden.

Eine tschechisch-amerikanische Studie jüngeren Datums hat eine mögliche Erklärung gefunden, warum Tauben und auch einige andere Vogelarten wesentlich intelligenter sind, als man bisher gedacht hat: Die Nervenzellen sind in den Gehirnen von einigen Vogelarten deutlich dichter „gepackt" als bei Säugetieren. So sind die Gehirne einer Ratte und eines Stars etwa gleich schwer. Das Rattenhirn enthält jedoch nur 200 Millionen Neurone, während das Stargehirn es auf mehr als das Doppelte bringt.

Miniaturchirurgen

Fliegenlarven als tierische Ärzte? Fliegenmaden gehören ja nun wirklich nicht zu den Lebewesen, die uns Menschen sonderlich sympathisch erscheinen. Und doch haben zumindest die Maden einer Fliegenart schon so manchen Menschen vor der drohenden Amputation eines Armes oder eines Beines bewahrt: In der Medizin, genauer gesagt, in der Chirurgie, werden die Larven der Goldfliege, einer Schweißfliegenart, von vielen Ärzten zur Behandlung chronischer, schlecht heilender Wunden eingesetzt. Chronische Wunden sind meist von einem Belag aus abgestorbenen Zellen und entzündlichen Wundsekreten bedeckt. Beläge, die die Wundheilung stark beeinträchtigen, da sie zum einen ein idealer Nährboden für Bakterien sind und zum anderen ein mechanisches Hindernis für zellaufbauende Prozesse darstellen.

Die Mediziner machen sich dabei die Tatsache zunutze, dass sich die Maden fast ausschließlich von nekrotischem, das heißt absterbendem bzw. totem Gewebe ernähren. Wundbeläge stellen somit eine ideale Nahrungsquelle für die kleinen Insektenlarven dar. Bei der „Madentherapie" werden die Goldfliegenlarven zunächst auf die entsprechende Wunde aufgebracht. Dort scheiden die Tiere Verdauungssäfte aus, deren Enzyme das nekrotische Gewebe verflüssigen. Den so entstandenen „Nahrungsbrei" saugen die Larven dann auf. Nach mehreren Anwendungen ist die Wunde vom nekrotischen Wundbelag befreit und kann weiterbehandelt werden.

Zum ersten Mal schriftlich erwähnt wurde der positive Einfluss von Maden auf die Wundheilung von einem französischen Chirurgen namens Ambroise Paré (1510–1590), der bei verletzten Soldaten einen Zusammenhang zwischen dem Vorhandensein von Fliegenmaden in einer Wunde und einem günstigen Heilungsverlauf feststellen konnte. Rund 200 Jahre später war es dann wieder ein Franzose, der Militärchirurg Baron Dominique Jean Larrey, der berühmte „Chirurg Napoleons", der während des Ägyptenfeldzuges der französischen Armee beobachtete, dass Maden einer bestimmten Fliege nur abgestorbenes Gewebe entfernen und offensichtlich generell eine positive Wirkung auf den Heilungsprozess einer Wunde zu haben scheinen. Allerdings scheiterten alle Versuche des Mediziners, die Maden zur Wundbehandlung einzusetzen, da die verwundeten Soldaten sich alle konsequent weigerten, Maden an ihre Wunden zu lassen.

Erstmals bewusst zur Wundbehandlung wurden dann Fliegenmaden rund 60 Jahre später im Amerikanischen Bürgerkrieg eingesetzt. John Forney Zacharias, ein Chirurg der Konföderierten Armee, erzielte dank der Behandlung eiternder Wunden mit Maden eine schnelle und effektive Wundheilung und damit auch eine außergewöhnlich hohe Überlebensrate seiner Patienten.

Wiederum 60 Jahre später war es der amerikanische Chirurg William S. Baer, der die Fliegenmadentherapie in die Zivilchirurgie einführte, als er mit großem Erfolg Patienten mit bis dahin therapieresistenter chronischer Knochenmarksentzündung zur Heilung Goldfliegenmaden in die Wunden setzte. Ihre Blütezeit erlebte die Madentherapie dann in den 1930er- und 1940er-Jahren, als allein in den USA in über 300 Krankenhäusern eine Wundbehandlung mit Maden durchgeführt wurde und auch von diversen Pharmaunternehmen Maden exklusiv für medizinische Zwecke kommerziell gezüchtet wurden. Ende der 1940er-Jahre geriet die Madentherapie dank der Einführung der Antibiotika Sulfonamid und Penicillin allerdings nach und nach in Vergessenheit.

Aber bereits Anfang der 1990er-Jahre, in Zeiten zunehmender Antibiotikaresistenzen, kam es zu einem unerwarteten Comeback der tierischen Mikrochirurgen: Amerikanische und englische Chirurgen erzielten mithilfe der Madentherapie geradezu sensationelle Erfolge bei Patienten mit schlecht heilenden Wunden, wie Diabetikern, und weckten dadurch erneut das Interesse der medizinischen Fachwelt für die ungewöhnliche Heilmethode. Bereits 2002 kam auch in Deutschland in über 1000 Kliniken, Krankenhäusern und Arztpraxen die wiederentdeckte Madentherapie zum Einsatz.

Und die Fliegenlarven haben in Sachen Wundheilung sogar noch einen zweiten Pfeil im Köcher: Durch den Fraß der Schmeißfliegen wird die Wunde auch weitestgehend keimfrei, denn die Verdauungsenzyme der Larven enthalten antibakterielle Substanzen, genauer gesagt, Seraticin und sogenannte Defensine. Und als wäre das noch nicht genug, scheiden die Larven auch noch Ammoniak bzw. Ammoniakderivate aus. In Folge sinkt der pH-Wert im Gewebe und ein saures Milieu entsteht, das wiederum viele Bakterienstämme nicht gut vertragen. Diese antibakteriellen Eigenschaften sind auch der Grund dafür, dass man die Madentherapie gerne bei Wunden anwendet, die mit multiresistenten Keimen infiziert sind – sprich mit Bakterien, die gegen die meisten herkömmlichen Antibiotika resistent sind.

Das heißt allerdings nicht, dass ein Einsatz von Fliegenmaden bei entzündeten Wunden eine Gabe von Antibiotika komplett überflüssig macht. Fliegenmaden können nämlich mit ihren Verdauungssäften nicht alle Bakterienarten abtöten, die in Wunden auftreten. So reagieren die Krabbeltiere zum Beispiel äußerst sensibel auf den so häufig auftretenden Krankenhauskeim *Pseudomonas aeruginosa* und sterben sogar manchmal ab.

Zur Applikation der Fliegenmaden gibt es zwei Methoden: Bei der ersten Methode arbeitet der behandelnde Arzt mit „freikrabbelnden" Larven und setzt etwa zehn Exemplare auf einen Quadratzentimeter Wunde. Damit diese Larven nicht fortkriechen können, bringt er entlang des Wundrandes einen dicken Streifen aus Hydrogel an. Anschließend wird über die Gelstreifen ein feinmaschiges Gazenetz geklebt, sodass ein kleiner, flacher, aber auch luftdurchlässiger Käfig entsteht.

Die zweite Methode ist weniger umständlich und deutlich eleganter: Die Fliegenmaden werden in vorgefertigten sogenannten „Biobags", kleinen teebeutelartigen Säckchen, auf die Wunde appliziert. Diese Methode ist zwar weniger zeitaufwendig, hat aber auch Nachteile. Die Hersteller der Biobags geben nur die Mindestzahl der Larven im Beutel und nicht die tatsächliche Zahl der Larven an. Da kann man leicht über- oder unterdosieren. Gerade eine Überdosierung kann jedoch zu unangenehmen „Nebenwirkungen" führen. Rund ein Drittel aller mit Biobags behandelten Patienten klagt über durch die Madentherapie verursachte Schmerzen. Werden zu viele Maden als „tierische Chirurgen" eingesetzt und diese Maden sind sehr hungrig, dann kann es durchaus dazu kommen, dass die Verdauungssekrete der Larven auch kleine Teile des benachbarten, gesunden Gewebes schädigen.

Übrigens: Egal ob „freikrabbelnde" Larven oder Biobags, bei der Madentherapie wird in jedem Fall nur mit sterilen Larven gearbeitet, die man extra für diesen Zweck gezüchtet hat.

Das allein selig machende Superwunderheilmittel, als das die Madentherapie oft gepriesen wird, ist sie offensichtlich aber nicht. Es gibt mehrere Studien, die zu dem Ergebnis kommen, dass eine Madentherapie einer Wundbehandlung mit Skalpell und Antibiotika nicht überlegen ist.

Ein Wurm als Heiler
und Multifunktionsapotheke

Wenn man es von der biologischen Seite her betrachtet, ist es eine Art „Miniaturvampir", der uns Menschen schon seit über 5000 Jahren in der Medizin überaus wertvolle Dienste leistet: der medizinische Blutegel, ein rund 15 Zentimeter langer Wurm, der sich exklusiv vom Blut von Menschen und anderen Säugetieren ernährt und dabei äußerst raffiniert vorgeht. Zunächst sucht der kleine Blutsauger mit dem Vorderende tastend nach einer geeigneten Bissstelle. Sprich einer Stelle, an der die Haut relativ dünn ist, keine störende Hornhaut aufweist und die auch nur gering behaart ist. Hat der Blutegel dann eine optimale Stelle gefunden, saugt er sich mit seinem Saugnapf fest und fräst sich mit seinen drei strahlenförmig angeordneten Kiefern, auf denen sich je circa 80 bewegliche Kalkzähnchen befinden, in Sekundenschnelle durch die Haut seines Opfers und verursacht so eine kleine Wunde.

Die Intensität des Bisses ist mit einem Insektenstich zu vergleichen und somit ausgesprochen schmerzarm. Bis heute konnte nicht nachgewiesen werden, ob der Blutegel bei seiner Fresstätigkeit ein lokal wirksames Anästhetikum verwendet. Anschließend saugt der Egel in rund 30 bis 60 Minuten bis zum Fünffachen seines Körpergewichts an Blut in sich hinein. Die zwischen den Kiefern mündenden Speicheldrüsen sondern dabei unter anderem Hirudin ab, eine Substanz, die die Blutgerinnung verhindert. Nach Erreichen der Sättigung fällt der Egel von selbst von seinem Wirt ab.

Der Blutverlust pro Egel liegt inklusive Nachbluten bei 50 Milliliter. Ein Mensch hat circa 5 bis 6 Liter Blut. Das heißt, nach Adam Riese würden 100 bis 120 Blutegel ausreichen, um einen Menschen komplett leer zu saugen. Deshalb werden bei der Blutegeltherapie nur zwischen 4 und maximal 12 Blutegel pro Sitzung angesetzt, was einen Blutverlust von maximal 600 Milliliter zur Folge hat. Das ist in etwa die Menge, die auch einem Blutspender abgezapft wird. Das abgesaugte Blut wird vom Körper spätestens nach 3 Wochen wieder vollständig ersetzt.

Die Blutegeltherapie gehört zu den ältesten Heilmethoden in der Medizin. Es gibt Hinweise, dass Ärzte bereits vor über 5000 Jahren Blutegel zur Heilung von diversen Krankheiten eingesetzt haben. Im antiken Griechenland und später im römischen Reich legten Ärzte die kleinen Vampire gerne bei eitrigen Geschwüren, Hautkrankheiten oder Venenleiden auf.

Später dann, zu Anfang des 17. Jahrhunderts, wurden Blutegel bevorzugt zum sogenannten „Aderlass" eingesetzt, da man sich nach der damals vorherrschenden Lehrmeinung durch die Entfernung von „schlechtem Blut" eine Beschleunigung der Heilungsprozesse bei entzündlichen und fiebrigen Erkrankungen versprach. Die Methode, „Menschen zur Ader zu lassen", wurde dann im 18. und 19. Jahrhundert derart populär, dass die Blutegelbestände in der freien Natur so gewaltig dezimiert wurden, dass ein baldiges Aussterben der Egel drohte. Gegen Ende des 19. Jahrhunderts geriet die Egeltherapie allerdings immer mehr in Vergessenheit. Verantwortlich dafür waren zum einen die rasante Entwicklung der modernen Medizin und zum anderen die Tatsache, dass mit dem Wissen von der Existenz von Bakterien auch die Angst vor durch Blutegel verursachte Infektionen zunahm.

Allerdings hat der Blutegel vor einigen Jahren in der modernen Medizin ein regelrechtes Comeback gefeiert. So fand man in den USA heraus, dass man mithilfe von Blutegeln bei Hauttransplantationen venöse Stauungen abbauen und dadurch gefährliche Thrombosen verhindern kann. Aus dem gleichen Grund werden Blutegel auch in der Handchirurgie, beim Wiederannähen abgetrennter Finger, verwendet.

Aber die Blutegeltherapie wird heute vor allem in der Alternativmedizin wieder vermehrt bei unterschiedlichen Krankheitsbildern wie etwa Angina pectoris, Apoplexie, Brustdrüsenentzündung, Furunkeln, Gallenblasenentzündungen, Gürtelrose, Hypertonie, Krampfadern, Mandelabszess, Nebenhöhlenentzündungen, Rheuma, Thrombosen oder Tinnitus angewandt.

Schließlich weiß man heute, dass es sich bei Blutegeln um regelrechte Mini-Apotheken handelt: Untersuchungen haben ergeben, dass ein Blutegel bei seinem Biss mehr als 20 gerinnungshemmende, entkrampfende, entzündungshemmende und sogar schmerzlindernde Wirkstoffe in die Wunde abgibt – und das ohne jegliche Nebenwirkungen.

Allerdings werden Blutegel heute nicht mehr der Natur entnommen, sondern in speziellen Zuchtanlagen für die Anwendung am Menschen gezüchtet. Um zu verhindern, dass die Minivampire beim Biss gefährliche Keime übertragen können, dürfen die Tiere jedoch nicht an mehreren Patienten hintereinander saugen und werden deshalb nach Erledigung ihrer Arbeit üblicherweise mit Alkohol abgetötet oder „eingefroren". Manche Mediziner lassen jedoch Milde walten und schicken die tierischen Helfer zurück zu ihrem Züchter, wo sie den Rest ihres immerhin bis zu 30 Jahre währenden Lebens in einem sogenannten „Rentnerteich" genießen dürfen. Vor dem Leben im Rentnerteich müssen die Egel allerdings, nach den Richtlinien des Bundesinstituts für Arzneimittel und Medizinprodukte, aus Sicherheitsgründen erst einmal acht Monate in Quarantäne verbringen.

Die Bandwurmdiät

Sie wollen abnehmen, aber dabei munter weiterfuttern – abnehmen, ohne dieses quälende Hungergefühl. Und 6-mal in der Woche ins Fitnessstudio gehen, ist auch nicht Ihr Ding. Dann sollten Sie vielleicht einen Blick über den großen Teich ins Land der unbegrenzten Möglichkeiten riskieren. Dort wird in regelmäßigen Abständen eine nicht nur bizarre, sondern auch überaus unappetitliche Art des bequemen Abspeckens diskutiert: die Bandwurmdiät, ein Darmparasit als Schlankmacher also.

Das Prozedere der außergewöhnlichen Diät scheint vergleichsweise simpel zu sein, zumindest wenn man den Anleitungen in diversen Internetforen folgt: Man schluckt einfach Kapseln, die Bandwurmeier enthalten. Kapseln, die man bei mehr oder weniger vertrauenswürdigen Anbietern im Internet bestellen kann. Im Darm entwickeln sich die Eier zu ausgewachsenen Bandwürmern. Diese werden bis zu 10 Meter lang und haben daher einen ganz schönen Energiebedarf. Um den zu stillen, bedienen sich die Darmparasiten kräftig an der Nahrung, die der Mensch, sprich ihr neuer Vermieter, aufgenommen hat und die sich jetzt im Darm befindet. Was wiederum bedeutet, dass man bei dieser Form der Diät hemmungslos schlemmen kann, dabei aber gleichzeitig durch den „Mitesser" Bandwurm kräftig an Gewicht verliert. Hat man sein Traumgewicht erreicht, unterzieht man sich einfach einer Wurmkur und schon ist man die parasitären Untermieter wieder los.

Was auf den ersten Blick einleuchtend klingt, kann allerdings aus rein biologischen Gründen so überhaupt nicht funktionieren: Durch den Verzehr von Bandwurmeiern kann man sich nicht mit einem erwachsenen Bandwurm infizieren – einfach, weil der Entwicklungszyklus eines Bandwurms das nicht hergibt. Aus einem Bandwurmei schlüpfen zunächst einmal die Larven des Bandwurms, die sogenannten Finnen. Die können sich aber nur dann zu einem erwachsenen Tier entwickeln, wenn sie auch den Wirt wechseln. Einen Schweinebandwurm kann man sich zum Beispiel nur durch folgenden Zyklus einhandeln: Ein Schwein frisst zusammen mit dem Kot von Menschen die Eier eines Schweinebandwurms. Im Schwein entwickelt sich dann aus dem Ei eine Finne, die sich in der Muskulatur des Borstentiers festsetzt und dort auch bleibt. Erst wenn ein Mensch jetzt ein rohes Stück Schweinefleisch isst, das von Finnen befallen ist (also ein Wirtswechsel stattfindet), kann sich aus den Finnen im Darm des Menschen ein erwachsener Bandwurm entwickeln. Will heißen, ein Mensch kann sich nur einen Bandwurm einhandeln, wenn er ein rohes Stück Fleisch isst, das von den Larven eines Bandwurms befallen ist. Natürlich ist mit Bandwurmfinnen infiziertes Fleisch nicht an jeder Ecke erhältlich. In den USA beispielsweise, wo immer wieder in diversen Foren das Für und Wider einer „Bandwurmdiät" ausgiebig diskutiert wird und wo viele verzweifelte Abspeckwillige auch zu einer solchen Diät bereit sind, ist sowohl der Besitz als auch der Verkauf und der Import von Bandwürmern streng verboten. US-Bürger, die sich einer Bandwurmdiät unterziehen wollen, müssen sich schon nach Mexiko begeben. Dort wird offenbar in einigen Orten an der Grenze zu den USA in Hinterzimmern mit Rinderbandwurmfinnen infiziertes Fleisch verhökert. Ein „Starterkit" ist angeblich für die stolze Summe von 1500 Dollar zu haben.

Wer aber, wie das in den diversen Internetforen propagiert wird, Bandwurmeier zu sich nimmt, spielt mit seiner Gesundheit, möglicherweise sogar mit seinem Leben. Die Larven, die aus den Eiern eines Bandwurms schlüpfen, wandern zum Teil bis zum Gehirn und verursachen dort gefährliche Entzündungen. Entzündungen, die von

Seh- und Sprachstörungen über Lähmungen und Organausfälle bis hin zum Tod führen können.

Aber auch „korrekt angewandt" kann eine Bandwurmdiät einige sehr unangenehme Nebenwirkungen haben: Bandwürmer entziehen ihrem Wirt durch ihre „Mitesserschaft" nicht nur Nährstoffe, sondern auch wichtige Mineralstoffe und Vitamine. Und das wiederum kann zu signifikanten Mangelerscheinungen führen. Ein oder gar mehrere tierische Untermieter im Darm können, vom Ekelfaktor einmal ganz abgesehen, durchaus Kopfschmerzen, Bauchschmerzen, Durchfall, Schwindelgefühle und ein allgemeines Unwohlsein verursachen. Und natürlich wäre bei einer Bandwurmdiät, genauso wie bei einer „normalen" Diät auch, der sogenannte „Jo-Jo-Effekt" vorprogrammiert. Schließlich hat der Körper, während der oder die Bandwürmer ihm Nahrung vorenthalten haben, auf Sparflamme gelebt. Und nach einer Reduktionsdiät kommt es bei „normaler" Nahrungsaufnahme meist zu einer unerwünschten und schnellen Gewichtszunahme, da, wie wir heute wissen, der Körper alles daran setzt, die Zeit des Mangels möglichst rasch wieder auszugleichen.

Außerdem ist eine Bandwurmdiät last, but not least auch vom sozialen Standpunkt aus keineswegs zu empfehlen. Einen Bandwurm im Darm zu haben, ist keinesfalls eine Privatangelegenheit. Wer auch nur einen einzigen Bandwurm als Untermieter in seinem Darm hat, der scheidet pro Tag über den Stuhlgang bis zu 200 000 Bandwurmeier aus – und diese Eier sind extrem widerstandsfähig. Eine Verbreitung lässt sich, selbst bei perfekter Hygiene, nicht hundertprozentig verhindern. So kann es durchaus sein, dass sich ein anderer Mensch oder ein Tier mit den Eiern infiziert, und das kann, wie bereits erwähnt, auch tödlich enden.

Eine Bandwurmdiät ist im Übrigen nicht irgendeine „hippe", dem Zeitgeist geschuldete völlig neue Idee. Die Vorstellung, möglicherweise mithilfe von Bandwürmern bequem und ohne Hungern abnehmen zu können, existiert bereits seit über 100 Jahren. So fanden sich zu Beginn des vorigen Jahrhunderts in zahlreichen einschlägigen

Journalen Anzeigen, in denen „Bandwurmpillen" als bequeme Abnehmhilfe für die figurbewusste Dame von Welt angepriesen wurden. Ob diese Pillen damals tatsächlich Bandwurmeier enthielten, lediglich eine Mogelpackung waren oder möglicherweise gar nicht existierten, lässt sich heute nicht mehr einwandfrei klären.

In den 1960er-Jahren sorgte die wohl berühmteste Opernsängerin aller Zeiten, die stets immer auch etwas skandalumwitterte Maria Callas dafür, dass die Bandwurmdiät erneut in den Fokus der Öffentlichkeit geriet. Damals wollten die Gerüchte nicht verstummen, dass die Primadonna assoluta ihren rapiden Gewichtsverlust von mehr als 30 Kilogramm innerhalb kürzester Zeit einer ausgeklügelten Bandwurmdiät verdankte, zu der ihr angeblich „ein berühmter Arzt aus der Schweiz" geraten hatte. Callas soll sich – so viel Luxus muss bei einer echten Diva sein – die gewichtsreduzierenden Parasiten sogar mit einem Glas Champagner einverleibt haben. Heute wissen wir durch den Callas-Biografen Bruno Tosi, der in seinem bemerkenswerten Buch „La divina in cucina" in Sachen Bandwurmdiät gründlich recherchiert hat, dass es sich bei der Bandwurmstory um einen modernen Großstadtmythos handelt, der jedoch ausgiebig in zahlreichen Medien kolportiert und von der Sängerin selbst nie vollständig dementiert wurde. Möglicherweise hat sich die „Göttliche" jedoch unabsichtlich mit einem oder mehreren Rinderbandwürmern infiziert, denn sie liebte Steak-Tatar. Das würde eventuell auch den großen Gewichtsverlust erklären.

Ein Schwangerschafts-
test mit vier Beinen

Es war, man höre und staune, ein lebendiger Frosch, der vor rund 80 Jahren, als der chemische Schwangerschaftstest noch nicht erfunden war, in vielen Ländern die Aufgabe hatte herauszufinden, ob eine Frau „guter Hoffnung" war. Damals entdeckte man, dass sich der afrikanische Krallenfrosch ganz hervorragend als „lebender Schwangerschaftstest" einsetzen lässt.

Ihren Namen verdanken die immer etwas plump und „abgeplattet" wirkenden Frösche, die ursprünglich lediglich in den stillen Gewässern der Regenwälder, südlich der Sahara, zu Hause waren, den drei inneren Zehen ihrer Hinterbeine. Die sind nämlich mit kräftigen schwarzen Hornkrallen versehen.

Das Prozedere beim „Schwangerschaftstest auf vier Beinen" ist genauso simpel wie raffiniert: Man spritzt einfach einem weiblichen Krallenfrosch eine kleine Menge des Urins einer vermeintlich schwangeren Frau unter die Haut. Lösen dann innerhalb von zwei Tagen die im Urin enthaltenen Hormone beim Frosch eine Eiablage aus, ist das der unumstößliche Beweis, dass die Frau tatsächlich „guter Hoffnung ist".

In Teilen der Dritten Welt wurde lange Zeit eine leicht abgewandelte Form des Froschtests angewandt, zu der man noch nicht einmal eine Spritze benötigte. Zum spritzenfreien Froschtest setzte man einfach ein Krallenfroschweibchen in eine Schale, die mit dem Urin einer vermutlich schwangeren Frau gefüllt war. Die derart befeuchtete Froschdame nahm dann den Urin über die Haut auf und begann im

Fall einer Schwangerschaft, stimuliert durch die Schwangerschafts-
hormone im Urin, innerhalb der nächsten 12 bis 24 Stunden mit dem
Laichvorgang.

Der Frosch-Schwangerschaftstest war übrigens durchaus nachhal-
tig: Man konnte einen Krallenfrosch, vorausgesetzt man gönnte dem
Froschlurch nach Erledigung seines Jobs eine vierwöchige Pause zur
Erholung, durchaus mehrmals hintereinander einsetzen.

Beim herrschenden Bedarf an zuverlässigen Schwangerschaftstests
war es kein Wunder, dass es in den 1930er- und 1940er-Jahren zu
einem schwunghaften Handel mit Krallenfröschen kam. Die begehrten Amphibien wurden zu Tausenden aus Afrika nach Europa und in
die USA importiert, um den dort immer größer werdenden Bedarf
zu stillen. Erst in den 1940er-Jahren gelangen erstmals erfolgreiche
Nachzuchten, sodass man auf die Importe aus Afrika weitgehend verzichten konnte.

In den 1960er-Jahren, als immunologische Schwangerschaftstests,
die deutlich schneller und auch einfacher zu handeln waren, auf den
Markt kamen, war es schlagartig vorbei mit den „Schwangerschaftstests auf vier Beinen". Die bisher so heiß begehrten „Apothekerfrö-
sche" waren mit einem Schlag arbeitslos geworden und wurden von
ihren Besitzern vielerorts zu Tausenden in die freie Natur entlassen.
In ihrer neuen Heimat fanden sie sich oft so gut zurecht, dass sie sich
vermehrten und im Südwesten der USA, aber auch in Frankreich und
in den Niederlanden zahlreiche stabile freilebende Krallenfrosch-
populationen bildeten. Die quakenden Migranten passten sich zwar
problemlos ihrer neuen Heimat an, schleppten jedoch leider eine tödliche Krankheit ein – und das mit schlimmen Folgen: Die Krallenfrö-
sche waren mit den sogenannten Chytridpilzen infiziert. Pilze, die bei
Fröschen und anderen Amphibien die Poren der Haut verstopfen und
dadurch dafür sorgen, dass die für die Tiere so wichtige Hautatmung
zum Erliegen kommt, was letztendlich zu einem qualvollen Ersti-
ckungstod führt. Den Krallenfröschen selbst kann der Pilz nichts anhaben. Sie sind zwar sogenannte „Überträger" des Schadorganismus,

gegen die Wirkung selbst, im Unterschied zu den anderen Frosch-
arten, aber immun.

Übrigens: Zur einwandfreien Durchführung des „lebenden Schwangerschaftstests" hätte es gar keines Exoten, wie den Krallenfrosch, be-
durft. Heute weiß man, dass ein einheimischer Froschlurch, wie etwa
die Erdkröte, bei entsprechender Manipulation auch zuverlässig Aus-
kunft darüber gegeben hätte, ob eine Frau schwanger ist oder nicht.

Ein Rochen als
Anästhesist?

Zitterrochen gehören zu den ganz wenigen Tierarten, die in der Lage sind, mithilfe ihres Körpers Stromstöße zu produzieren. Verantwortlich für die tierische Stromerzeugung ist die spezielle Muskulatur der Brustflossen der Fische. Eine Muskulatur, die im Laufe der Evolution zu sogenannten „elektrischen Organen" umgebildet worden ist. Jedes Elektroorgan besteht dabei aus einer großen Zahl stromerzeugender Elemente, sogenannter „elektrischer Platten", von denen allerdings jedes einzelne nur eine geringe Spannung erzeugt. Die Anordnung der stromerzeugenden Platten ist in den Elektroorganen ähnlich wie in einer Batterie realisiert, in der die Platten in Serie bzw. Reihe geschaltet werden. Die Gesamtspannung wächst von Muskelzelle zu Muskelzelle kontinuierlich an und beträgt bei der Entladung bis zu 220 Volt. Allerdings bringt diese Umbildung der Brustflossenmuskulatur auch einen gewichtigen Nachteil mit sich: Durch die Ausbildung der elektrischen Organe können sich Zitterrochen nicht, wie „normale" Rochen, elegant dahingleitend mithilfe ihrer Brustflossen fortbewegen, sondern müssen ihren Körper ziemlich mühsam und stets ein bisschen schwerfällig wirkend, mit seitlichen Ruderschlägen der Schwanzflosse vorantreiben.

Ihre Fähigkeit, Stromstöße zu erzeugen, setzen Zitterrochen in erster Linie zum Beutefang ein. Zitterrochen ernähren sich hauptsächlich von kleinen Fischen und Krebsen, die sie mit den selbst produzierten Stromstößen betäuben oder sogar töten können. Die effektive

Wirkung der Stromstöße beschränkt sich allerdings gerade mal auf etwa einen halben Meter. Doch auch Fressfeinden, wie größeren Fischen und Delfinen, aber auch einem allzu neugierigen Taucher kann mithilfe der Stromstöße eine schmerzhafte Lektion erteilt werden.

Für einen Menschen sind die Stromschläge äußerst unangenehm. Menschen, die schon einmal nähere Bekanntschaft mit einem Zitterrochen gemacht haben, berichten, die Wirkung eines Zitterrochenstromschlags sei durchaus mit einem Niederschlag durch eine riesige Faust zu vergleichen.

Lebensbedrohlich ist ein Zitterrochenstromstoß in der Regel jedoch nicht. Sowohl die Stromstärke als auch die Spannung können zwar durchaus hohe Werte erreichen. Allerdings ist die Stromstoßdauer mit etwa 5 Millisekunden wohl zu kurz, um eine lebensgefährdende Atemlähmung oder gar einen Herzstillstand verursachen zu können. Um solch kritische Situationen heraufzubeschwören, wäre, nach Ansicht von Medizinern, ein Stromstoß mit einer Dauer von deutlich mehr als 20 Millisekunden notwendig.

In früheren Zeiten wurden, man höre und staune, lebendige Zitterrochen auch gerne als Heilmittel bei unterschiedlichen medizinischen Indikationen eingesetzt.

Dabei wurde das medizinische Potenzial des Zitterrochens bereits sehr früh erkannt. Schon Aristoteles berichtete von der betäubenden Wirkung des Zitterrochens. Es ist deshalb kein Wunder, dass bald findige griechische Ärzte auf die Idee kamen, vor allem den im Mittelmeer heimischen Marmorierten Zitterrochen als sogenanntes „Anodynos", will heißen als schmerzstillendes Mittel, einzusetzen. Sie haben schlicht und einfach beispielsweise einem armen Kopfschmerzpatienten einen lebenden Zitterrochen auf den Kopf gelegt. Ganz offensichtlich waren Zitterrochen im alten Griechenland eine regelrechte medizinische Allzweckwaffe. Schließlich hat man die Elektrofische dort früher auch gerne bei Operationen als sogenanntes „lebendes Narkotikum" eingesetzt.

Und auch die alten Römer setzten Zitterrochen für medizinische Zwecke ein, allerdings bei anderen Indikationen als die Griechen.

Der römische Arzt Scribonius Largus berichtet zum Beispiel in seiner berühmten Rezeptsammlung „Compositiones medicae" explizit darüber, wie man mithilfe eines Zitterrochens üble Kopfschmerzen bekämpfen kann: „Noch so alte und unerträgliche Kopfschmerzen beseitigt sofort und heilt für immer der schwarze Zitterrochen, wenn er lebend so lange auf die schmerzende Stelle gelegt wird, bis der Schmerz aufhört und dieser Teil betäubt wird. Sobald man dies empfindet, möge man das Heilmittel entfernen, damit das Gefühl an dieser Stelle nicht zerstört werde." Auch gichtgeplagte Menschen behandelte der römische Mediziner mithilfe von Zitterrochen: „Kommen die Gichtschmerzen, legt man einen lebenden Zitterrochen unter den Fuß des Patienten. Der Patient soll an einem feuchten Strand, umspült von Meerwasser, so lange stehen, bis der Fuß und das Bein bis zum Knie eingeschlafen sind."

Der Militärarzt Pedanos Dioscurides, der unter den römischen Kaisern Claudius und Nero diente und bei dem es sich wahrscheinlich um den berühmtesten Pharmakologen des Altertums gehandelt hat, soll sogar versucht haben, mit Zitterrochen Epileptiker zu heilen. Im Mittelalter wurden Zitterrochen auch in der arabischen Welt für Heilzwecke eingesetzt. So ist im berühmten „Kanon der Medizin" des persischen Arztes Avicenna zu lesen, dass Zitterrochen ausgesprochen wirksam bei der Heilung von Kopfschmerzen, Trübsinn und epileptischen Anfällen seien.

Heute ist die „Zitterrochentherapie" längst vergessen. Allerdings nutzen viele Ärzte und Physiotherapeuten immer noch Strom zur Behandlung von Schmerzen, Missempfindungen sowie zur Kräftigung schwacher Muskulatur. Allerdings kommt bei dieser Art der Anwendung der Strom nicht aus der Muskulatur eines Fisches, sondern völlig unspektakulär aus einer Batterie oder der Steckdose.

Helfende Hände

Ein gut dressierter Affe, der bei einem querschnittsgelähmten Menschen den Haushalt schmeißt, das ist nur schwer vorstellbar. In den USA, im Land der offensichtlich auch unbegrenzten tierischen Möglichkeiten, ist das aber seit einigen Jahren Realität geworden: „Helping hands", eine gemeinnützige Organisation im US-Bundesstaat Massachusetts, bildet Affen zu Haushaltshilfen aus, die behinderten Menschen das Alltagsleben erleichtern sollen.

Bei den tierischen Haushaltshilfen handelt es sich nicht etwa um Schimpansen, unsere nächste Verwandtschaft im Tierreich, sondern um Kapuzineraffen, eine relativ kleine Affenart, die in Südamerika zu Hause ist. Und das hat gute Gründe: Schimpansen sind zwar die klügsten Affen, aber ab einem bestimmten Alter, meistens nach rund 7 Jahren, wenn die Tiere geschlechtsreif werden, sind viele dressierte Schimpansen nicht mehr handelbar. Sie hören oft auf, mit „ihren" Menschen zu kooperieren und verhalten sich sogar ziemlich aggressiv. Dann kann es zu massiven Problemen wie Bissverletzungen kommen. Kapuzineraffen dagegen, die es bei einem Gewicht von rund 4 Kilogramm gerade mal auf eine Größe von 50 Zentimetern bringen, verfügen neben einer hohen Intelligenz vor allem über extrem geschickte Hände. Eine Eigenschaft, die sie in die Lage versetzt, selbst kleinste Knöpfe und Armaturen von diversen Geräten bedienen zu können. Darüber hinaus haben Kapuzineraffen ein ausgesprochen ausgeprägtes Sozialverhalten, sind neugierig und wissbegierig, bleiben ein Leben lang freundlich und sind damit bestens als Pflegekräfte geeignet. Die tierischen „Haushaltsaffen" kommen vor allem bei querschnittsgelähmten Menschen zum Einsatz – vor allem wenn das Rückenmark so geschädigt ist, dass diese Menschen ihre Arme nur teilweise oder gar nicht benutzen können.

Nach abgeschlossener Ausbildung sind die Affen in der Lage, insgesamt rund 30 unterschiedliche sogenannte „Handreichungen" zu leisten, die einem Behinderten das Alltagsleben erleichtern. Beispiele sind, dem Patienten die Brille aufzusetzen, ihn an einer juckenden Stelle zu kratzen, eine Zeitung umzublättern, das Mobiltelefon zu holen, das Licht anzuschalten, Besteck aus der Küchenschublade zu holen, den Schraubverschluss einer Flasche zu öffnen bis dahin, eine DVD bzw. CD zu wechseln oder den Müll runterzubringen.

Vor ihrem Einsatz werden die Kapuzineräffchen mehrere Jahre lang im „Monkey-College" in Boston geschult. Bei Trainingsbeginn sind die Affen idealerweise zwischen 8 und 10 Jahren alt. In der ersten Stufe der Ausbildung bringen die Trainer ihren langarmigen Schülern zunächst mittels eines Laserpointers und einfachen Begriffen, wie „öffne", „bring" oder „kratz", diverse Befehle bei. Danach erlernen die Affen die Funktionsweise von Lichtschaltern, Schubladen und CD-Playern. In der letzten Stufe werden die fortgeschrittenen Schüler in einem sogenannten „Lehrapartment" mit Rollstuhl, Bett, Bücherregal und Küchenzeile auf den Ernstfall vorbereitet. Das Training beruht auf einem Belohnungssystem: Haben die Kapuzineraffen einen neuen Befehl erlernt, werden sie von ihren Betreuern mit Leckerlis, wie etwa Erdnussbutter, belohnt.

Rund 40 000 US-Dollar kostet die Ausbildung eines Affen zur Haushaltskraft. Auf den ersten Blick ist das nicht gerade billig, aber eben nur auf den ersten Blick: Bei einem Lebensalter eines Kapuzineraffen von rund 40 Jahren rechnet sich eine derartige Investition.

Allerdings sind nicht alle Kapuzineraffen für eine Ausbildung zur Haushaltshilfe geeignet. So gibt es beispielsweise Affen, die sich, aus welchen Gründen auch immer, einfach schlechter trainieren lassen als ihre Artgenossen. Und nicht jeder Affe passt automatisch zu jedem

Behinderten: Einige Affen kommen beispielsweise mit Frauen besser klar als mit Männern und umgekehrt. Manche Affen brauchen einen ruhigen Partner, andere einen eher temperamentvollen. Letztendlich sind hier die Trainer gefragt, die ganz genau hinschauen müssen, um zu entscheiden, welchen Affen sie an wen vermitteln.

Doch für viele Patienten sind die Affen viel mehr als nur reine Haushaltshilfen. Oft handelt es sich bei den kleinen Affen eben auch um tierische Therapeuten, die ihrem menschlichen Partner nach ihrem Schicksalsschlag wieder Lebensfreude schenken und auch das Gefühl von behinderten Menschen, isoliert und einsam zu sein, lindern. Ein Kriegsveteran, der im Irakkrieg beide Beine verloren hat, brachte es auf den Punkt: „Der Affe ist der einzige, der mich so nimmt, wie ich bin, und mich nicht als Behinderten sieht."

Das Halten von Affen als Haushaltshilfen hat aber auch Kritiker auf den Plan gerufen: So bemängeln Tierschützer, dass zum einen ein Haus oder eine Wohnung nicht die richtige Umgebung für Affen ist, die normalerweise ein Leben hoch oben auf Bäumen verbringen. Zum anderen werden die Affen, die sehr soziale Tiere sind und daher den Umgang mit anderen Affen brauchen, allein gehalten. Kritisch werden auch die Ausbildungsmethoden gesehen, die nach Meinung der Tierschützer deutlich zu hart sind. Die Vereinigung der Amerikanischen Veterinärmediziner (American Veterinary Medical Association) hat noch weitere Kritikpunkte ins Feld geführt. Nach Ansicht der amerikanischen Tierärzte besteht ein nicht zu unterschätzendes Risiko, dass die Helferaffen ihren Schutzbefohlenen körperlichen Schaden – etwa durch Bisse – zufügen oder auch gefährliche Krankheiten auf den Menschen übertragen können.

Bei uns in Deutschland wird es wohl in nächster Zeit keine Affen als Haushaltshilfen geben. In Deutschland ist das Halten von Affen nach dem Tierschutzgesetz in einem Privathaushalt nur unter sehr strengen Auflagen erlaubt – keinesfalls aber, wenn lediglich eine Wohnung vorhanden ist.

Wunderheiler mit Flossen?

Es gibt kaum eine Therapieform für geistig und körperlich behinderte Kinder, die derart umstritten ist, wie die sogenannte „Delfintherapie". Eltern betroffener Kinder berichten auf der einen Seite oft geradezu enthusiastisch von großen Fortschritten, die ihre Kinder in den unterschiedlichen Delfintherapiezentren dank dem Umgang mit den freundlichen Meeressäugern erzielen. Tierschutzorganisationen, aber auch viele Wissenschaftler kritisieren auf der anderen Seite, dass nicht nur jeglicher wissenschaftlicher Nachweis für einen messbaren Erfolg dieser Art der Therapie fehle, sondern auch, dass die Haltung der Delfine keineswegs artgerecht erfolge.

Begonnen hat alles Ende der 1950er-Jahre, als der amerikanische Psychiater Dr. Boris Levinson während therapeutischer Sitzungen mit verhaltensauffälligen Kindern herausfand, dass die pure Anwesenheit seines Golden Retrievers „Jingles" einen positiven Einfluss auf seine Patienten hatte. Eine Erfahrung, die ihn veranlasste, Hunde in sein Behandlungskonzept einzubeziehen. Seine Erfahrungen veröffentlichte der Psychiater 1962 in einer Arbeit mit dem damals sicherlich durchaus provokanten Titel „Der Hund als Co-Therapeut", in der er dezidiert über den erfolgreichen Einsatz von Hunden in der Kinderpsychotherapie berichtete. Die sogenannte „tiergestützte Therapie" war geboren – ein laut Definition des allgegenwärtigen Internetlexikons Wikipedia „alternativmedizinisches Behandlungsverfahren zur Heilung oder zumindest Linderung der Symptome bei psychiatrischen, psychisch/neurotischen und neurologischen Erkrankungen und seelischen und/oder geistigen Behinderungen, bei denen Tiere eingesetzt werden".

Als „Therapietiere" bzw. Co-Therapeuten arbeiteten bald Hunde, Katzen, Pferde, Lamas (!) und eben auch Delfine. Ihre Wurzeln hat die Delfintherapie in Florida. Dort beobachtete 1971 Dr. Betsy Smith, eine Anthropologin der Florida International University, dass der gemeinsame Aufenthalt im Wasser mit zwei Delfinen offensichtlich einen positiven Einfluss auf ihren behinderten Bruder hatte.

Die Delfintherapie selbst geht auf den amerikanischen Neurologen und Verhaltensforscher David Nathanson zurück, der Ende der 1970er-Jahre erstmals die Wirkung von Delfinen auf geistig und körperlich behinderte Kinder untersuchte und aus den gewonnenen Erkenntnissen heraus die sogenannte „Dolphin Human Therapy" (DHT) entwickelte. Bei dieser Art der Therapie werden die Meeressäuger, denen oft eine gewisse Hilfsbereitschaft Menschen gegenüber unterstellt wird, als eine Art positiver Verstärker genutzt. Die kleinen Patienten bekommen vom Therapeuten verschiedene Aufgaben gestellt. Erfüllt ein Kind die vom Therapeuten vorgegebenen Aufgaben, wird es postwendend durch eine Interaktion mit dem Delfin belohnt: Es darf ihn streicheln, füttern oder sich sogar an seiner Rückenflosse festhalten und durch das Becken ziehen lassen. Der Wunsch der kleinen Patienten, mit dem Delfin spielen zu dürfen, soll dabei bewirken, dass seine Aufmerksamkeit bei den zuvor gestellten Therapieaufgaben stark erhöht wird. Löst ein Kind dagegen die geforderten Vorgaben nicht zur Zufriedenheit des Therapeuten, wird ihm der Zugang zum Delfin verwehrt.

Folgt man Nathanson, dann lernen die Kinder mithilfe der Delfine 4-mal schneller als ohne Unterstützung durch die Meeressäuger. Diese Aussage wird von Kritikern stark bezweifelt, da sie nicht durch eine unabhängige Studie überprüft wurde.

Wie nicht anders zu erwarten, stürzten sich auch die Medien gierig auf die neue Therapie, berichteten über die sensationellen und wundersamen Heilerfolge der „delfingestützten Therapie" und weckten dadurch bei den Eltern schwer- und schwerstbehinderter Kinder große Hoffnungen. Und so schossen geradezu zwangsläufig überall auf der Welt innerhalb kürzester Zeit Delfintherapiezentren aus dem Boden, die ihrer Klientel die „Dolphin Human Therapy" oder eine ähnliche Delfintherapie zu teilweise opulenten Preisen anboten.

In den allermeisten Fällen ist die delfingestützte Therapie eine ziemlich teure Angelegenheit. Auf die Eltern von behinderten Kindern kommen, bei Therapiekosten von manchmal mehreren tausend Euro pro Woche, beträchtliche finanzielle Belastungen zu. Zumal, zumindest in Deutschland, die Krankenkassen die Kosten für eine Delfintherapie nicht übernehmen.

Lange Zeit gab es keine einzige seriöse wissenschaftliche Untersuchung, durch die eine nachhaltige Wirksamkeit der Delfintherapie bestätigt werden konnte.

Eine im Jahr 2006 veröffentlichte Studie, die Wissenschaftler der Universität Würzburg in Kooperation mit dem Delfinarium des Nürnberger Tiergartens durchgeführt hatten, brachte ebenfalls keine eindeutigen Ergebnisse.

Die Studie, an der über 100 Kinder mit geistigen und körperlichen Behinderungen teilgenommen hatten, kam zwar zu dem Ergebnis, dass bei schwerbehinderten Kindern im Alter von 5 bis 10 Jahren mithilfe der Delfintherapie „nachgewiesene Therapieeffekte" erzielt worden seien. Allerdings zeigte sich bei genauerem Hinschauen, dass die in der Studie aufgeführten positiven Effekte vor allem von den Eltern der betroffenen Kinder subjektiv wahrgenommen wurden. Die an der Studie beteiligten Therapeuten jedoch konnten keine messbaren oder nachhaltigen Verbesserungen des Gesundheitszustandes feststellen.

Rund ein Jahr später kam auch eine amerikanische Studie der Emory Universität in Atlanta zu dem Ergebnis, dass ein positiver Effekt von Delfintherapien keineswegs wissenschaftlich belegt sei. Die Leiterin der Studie, die Delfinexpertin und Neurowissenschaftlerin Dr. Lori Marino, kam nach Sichtung der „Fachliteratur" zu dem Schluss, dass die bisherigen Untersuchungen zur Delfintherapie so eklatante methodische Mängel enthielten, dass eine nachhaltige positive Wirksamkeit nicht nachweisbar sei. Marino wies auch darauf hin, dass die Therapie mit den Meeressäugern für Patienten im Kindesalter nicht ganz ungefährlich ist. Schließlich wurden in den USA über einen Zeitraum von 5 Jahren hinweg immerhin 18 Fälle dokumentiert, bei denen Menschen bei Begegnungen mit in Gefangenschaft lebenden Delfinen schwere Verletzungen, wie etwa Knochenbrüche, davongetragen haben.

Auch die „Urmutter" der Delfintherapie, die eingangs erwähnte Betsy Smith, wandte sich in einem 2003 veröffentlichten Essay vom Konzept der „Co-Therapeuten mit Flossen" ab: „Manche Therapeuten, die keinerlei Kenntnisse über Delfine haben, berechnen exorbitante Honorare für Behandlungen, die auch ohne Delfine durchgeführt werden könnten. Im Kern all dieser Therapieprogramme steht die Ausbeutung von verletzlichen Menschen und verletzlichen Delfinen."

Aber auch vonseiten der Tierschutzverbände hagelt es heftige Kritik an der Delfintherapie: PETA und Co. bemängeln vor allem die wenig artgerechte Haltung der Tiere in den Delfinarien. Die sensiblen Meeressäuger, die in Freiheit am Tag über 100 Kilometer weit schwimmen und über 200 Meter tief tauchen, leiden ganz massiv in den, im Vergleich zu ihrem natürlichen Lebensraum, winzigen Becken, die den Tieren nur wenig Bewegungsfreiraum und schon gar keine Rückzugsmöglichkeiten bieten. Nach Aussagen von Tierschützern sterben viele Delfine vorzeitig an den Folgen dieses Freiheitsentzugs.

Auch die Herkunft der für Therapiezwecke benötigten Delfine ist stark umstritten. Nach Aussagen von Delfintherapiegegnern und Tierschutzorganisationen greifen die Betreiber von „Therapie-Delfinarien" zwecks mangelnder Nachzucht oft auf Wildfänge zurück, um der starken Nachfrage nach Delfinen für Therapiezwecke gerecht zu werden. Wildfänge, bei denen die Verlustraten bei den Fangaktionen und in den ersten Monaten in Gefangenschaft wegen des gewaltigen Stresses für die Tiere bei rund 50 Prozent liegen. Im Gegenzug weisen Therapiebefürworter darauf hin, dass die Lebenserwartung in Gefangenschaft lebender Delfine deutlich höher sei als bei wildlebenden Tieren und dass zumindest nordamerikanische Delfinarien dank nachhaltiger Nachzucht nicht mehr auf den Fang wildlebender Delfine angewiesen seien.

Übrigens: 2007 veröffentlichte David Nathanson, der eingangs erwähnte „Erfinder" der „Dolphin Human Therapy" eine Studie über Therapieversuche an 35 behinderten Kindern mit einem einem Delfin nachempfundenen Roboter. Das Ergebnis der Untersuchung war dann doch verblüffend: Bei 33 der 35 Kinder zeigte sich TAD (Therapeutic Animatronic Dolphin), wie der Roboterdelfin genannt wird, hinsichtlich der Motivation der Kinder seinen lebendigen Artgenossen ebenbürtig oder sogar überlegen!

Ein Käfer für die Potenz

Mehrere Studien haben es an den Tag gebracht: Rund 20 Prozent aller Männer im Alter zwischen 40 und 50 Jahren leiden unter einer erektilen Dysfunktion – sprich haben größere oder kleinere Potenzprobleme. Kein Wunder also, dass Männer zu allen Zeiten und in allen Kulturen immer wieder versucht haben, mit allerlei Wundermitteln ihre Lust und Liebeskraft zu stärken. Während im antiken Griechenland zur Stärkung ihrer Manneskraft noch überwiegend auf pflanzliche Produkte wie Basilikum oder Granatäpfel zurückgegriffen wurde, setzte man im Rom der Cäsaren in erster Linie auf Potenzmittel tierischer Herkunft. So versuchte der römische Kaiser Tiberius, der angeblich durch eine Kriegsverletzung impotent war, dieses Malheur durch den Verzehr von Singvogelzungen zu beheben, die für den Herrscher extra tiefgekühlt aus dem weit entfernten Germanien importiert werden mussten.

Im alten Rom sorgte aber auch erstmals ein kleines Insekt als hochbegehrtes Potenzmittel für Furore: die „Spanische Fliege". Hier gilt es jedoch zunächst einmal festzuhalten, dass es sich bei dieser „Fliege" nicht um eine Fliege im biologischen Sinn, sondern um einen kleinen, metallisch-grün glänzenden Käfer handelt, der den wohlklingenden wissenschaftlichen Namen *Lytta vesicatoria* trägt.

Das amouröse Geheimnis des Käfers liegt in seinem Blut, denn der Lebenssaft der kleinen Käfer enthält ein Reizgift namens Cantharidin. Nimmt man eine ausreichende Menge getrockneter und zu Pulver gemahlener Käfer zu sich, kommt es, dank des in den Käfern enthaltenen Cantharidins, zu einer heftigen Reizung der Schleimhäute von Harnröhre und Harnblase, verbunden mit einer besseren Durchblutung der Sexualorgane – und damit beim Mann zu einer imposanten, aber bedauerlicherweise auch ziemlich schmerzhaften Erektion. Um Missverständnissen vorzubeugen: Das sexuelle Verlangen wird durch den Konsum der Spanischen Fliege nicht gesteigert. Die Einnahme von Cantharidin war aber auch stets ein Spiel mit dem Feuer, denn nirgendwo liegen Liebe und Tod so nah beieinander wie beim Konsum der Spanischen Fliege. Bei einer Überdosierung (bereits drei hundertstel eines Gramms Cantharidin wirken tödlich) wird das Zentralnervensystem angegriffen und innerhalb von zwölf Stunden tritt der Tod durch Lebervergiftung und Nierenversagen ein. Zu allem Unglück liegt die wirksame Dosis des Aphrodisiakums jedoch fast auf dem Niveau der tödlich giftigen Dosis, weshalb viele Konsumenten ihre Lust mit dem Leben bezahlen mussten. Dass sie dies in den Armen ihrer Geliebten tun durften, ist sicherlich nur ein schwacher Trost gewesen.

Aber zurück zu den alten Römern: Bereits Livia Drusilla, die skandalumwitterte dritte Ehefrau des Kaisers Augustus, soll dem Vernehmen nach ihren Gästen Cantharidin in das Essen geschmuggelt haben, um sie zu sexuellen Ausschweifungen zu animieren, mit denen sie sie später dann möglicherweise erpressen konnte.

Im Frankreich des 16. und 17. Jahrhunderts gehörten Cantharidinpillen zur Grundausstattung eines älteren Kavaliers. Die Lustpillen wurden übrigens nach dem Maréchal de Richelieu, einem berüchtigten Lüstling, „pastilles à la Richelieu" genannt – nicht zu verwechseln übrigens mit seinem Großonkel, dem berühmten Kardinal Richelieu, dem Alexandre Dumas in seinen „Drei Musketieren" ein literarisches Denkmal gesetzt hat. Ein Potenzmittel, das nach einem hochrangigen Kirchenvertreter benannt wurde – das wäre doch etwas zu viel gewesen.

Die Mutter aller Kurtisanen, die legendenumwobene Madame du Barry, setzte dagegen auf „pastilles de sérail", gezuckerte Cantharidinpillen, um sich die Gunst des schon etwas in die Jahre gekommenen Ludwigs XV. zu erhalten.

War der Konsum der Spanischen Fliege in früheren Zeiten lediglich dem Adel und dem hohen Klerus vorbehalten, fand der Käfer Mitte des 19. Jahrhunderts auch den Weg in die Stuben der Bürger, wie folgender Merksatz aus einem Hauskalender von 1856 zeigt: „Man gebe nicht allzu viel dazu, sonst wird das Weibsbild verrückt." Kein Wunder also, dass 1870 der ölige Käfer auf dem Stuttgarter Wochenmarkt gleich kiloweise gehandelt wurde.

Heute ist der Verkauf der Spanischen Fliege aufgrund seines hohen Giftgehalts in vielen Ländern per Gesetz strengstens untersagt. Aber Verbot hin, Verbot her, einige Menschen können offensichtlich einfach nicht vom gemahlenen „Lustkäfer" lassen und gehen damit kein geringes Risiko ein. So wurden 1995 vier Studenten von Krämpfen geschüttelt und mit blutigem Urin ins Temple University Hospital in Philadelphia eingeliefert. Sie hatten auf einer Party mit Spanischer Fliege angereicherte Limonade konsumiert.

Die heute in Erotikshops verkauften bzw. auch übers Internet vertriebenen Spanische-Fliege-Produkte enthalten dagegen nur bestenfalls homöopathische Dosen an Cantharidin und sind daher ungefährlich, aber auch völlig wirkungslos – sieht man von einem nicht zu unterschätzenden Placeboeffekt ab.

Der Sommergras-Winterwurm

Im Frühsommer kann man auf den Hochebenen Tibets ein sonderbares Schauspiel bewundern: Kriechen dort doch Zehntausende von Tibetern in hektischer Geschäftigkeit über den kärglichen Boden und buddeln denselben in mühevoller Kleinarbeit sorgfältig um. Was die Tibeter in Höhen von bis zu 5000 Metern suchen, sind jedoch weder Gold noch Edelsteine, sondern ist eines der wertvollsten Heilmittel der traditionellen chinesischen Medizin überhaupt: der Sommergras-Winterwurm. Ein seltsames und seltenes Wesen, das nur in den Höhen des Himalajas zu finden ist und in China mit Gold aufgewogen wird.

Trotz seines Namens handelt es sich jedoch beim Sommergras-Winterwurm keineswegs um einen Wurm, sondern um eine Art Doppelwesen. Und zwar um eine faszinierende Verbindung eines Pilzes mit einem Tier. Diese Verbindung entsteht immer im Winter auf den Hochebenen Tibets – und zwar genau dann, wenn die Weibchen einer sogenannten Geistermotte ihre Eier auf den Bergwiesen der Hochebenen ablegen. Aus diesen Eiern schlüpfen dann zunächst einmal, wie bei allen anderen Schmetterlingsarten, Raupen, die sich von Pflanzenwurzeln ernähren. Wenig später werden jedoch viele dieser Raupen von Sporen des sogenannten Tibetischen Raupenkeulenpilzes befallen. Aus den Pilzsporen wiederum wachsen feine Fäden, sogenannte Hyphen. Diese dringen in die Raupe ein, wachsen in der Raupe heran und ernähren sich von der Raupe –

und zwar möglichst lange, ohne dabei die lebenswichtigen Organe zu beschädigen.

Wenn im Frühjahr der gesamte Körper der Raupe von einem Pilzgeflecht ausgefüllt und die Raupe bereits abgetötet und mumifiziert ist, wächst aus dem Kopf der Raupe ein brauner, 5 bis 15 Zentimeter langer, keulenförmiger Pilzfruchtkörper: der legendäre Sommergras-Winterwurm, der in der traditionellen chinesischen Medizin so begehrt ist und jetzt geerntet werden kann – und zwar in gewaltigen Mengen: Im Himalaja werden pro Jahr bis zu 200 Tonnen des Raupenpilzes gesammelt. Dadurch ist der Sommergras-Winterwurm eine der wichtigsten Einnahmequellen der tibetischen Hirten und Bauern.

In China gilt der Wurm als Universalheilmittel und wird bei folgenden Indikationen eingesetzt: Hepatitis, Depressionen, Knie- und Rückenbeschwerden, Herzrhythmusstörungen und Stress, um den Cholesterinspiegel zu senken und die Sehfähigkeit zu verbessern, als Medizin gegen Aids, als Balsam für frisch operierte Patienten. Selbst gegen Haarausfall soll der Sommergras-Winterwurm wirken.

Aber auch als Aphrodisiakum hat der Sommergras-Winterwurm in China eine lange Tradition. Der Legende nach sollen bereits vor vielen Jahrhunderten tibetanische Hirten auf den Sommergras-Winterwurm aufmerksam geworden sein, weil ihre Yaks sich in „lustvoller Absicht" ihren Artgenossen genähert hatten, nachdem sie den Wurm gefressen hatten. Seitdem ist das sogenannte „Himalaja-Viagra" in China fest als Aphrodisiakum etabliert.

Der Preis für das Kilo Sommergras-Winterwurm ist in den letzten Jahren unglaublich gestiegen. Musste man vor 40 Jahren gerade mal 1 bis 2 Euro für das Kilo berappen, muss man heute für ein Kilo bester Qualität 40 000 Euro und mehr auf den Tisch legen. Verantwortlich für diesen kolossalen Preisanstieg ist der chinesische Wirtschaftsboom. Mittlerweile ist der Sommergras-Winterwurm zu einem regelrechten Statussymbol mutiert, das bei exklusiven Dinnerpartys gereicht wird, aber auch gerne benutzt wird, um einflussreiche Politiker oder höhere Beamte zu „umschmeicheln". Der Staat verdient übrigens immer gut mit. Die lokalen Präfekturen erheben für auswärtige Sammler Gebühren von bis zu umgerechnet 500 Euro.

Inzwischen wird der Pilz auch in einigen westlichen Ländern in großem Stil angebaut. Allerdings ist es bisher nicht gelungen, in die Entwicklung des Pilzes einzugreifen und ihn künstlich in Larven wachsen zu lassen. Genau bei diesem Manko setzen Kritiker an: Da die gezüchteten Pilzhyphen nicht auf einer Raupe, sondern auf einer Nährflüssigkeit gedeihen, würden diese „künstlichen" Hyphen zu schnell wachsen und könnten ihre heilbringenden Inhaltsstoffe nicht entwickeln.

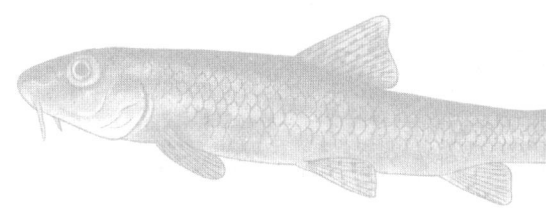

Im Fisch-Spa

Ein Fußpfleger, der gerade mal 10 Zentimeter groß ist und Flossen hat? In vielen Ländern dieser Welt, auch in Deutschland, ist das schon längst Realität geworden. Wer seinen Füßen etwas Gutes tun will, kann seit einigen Jahren in ein sogenanntes „Fisch-Spa" gehen, wo kleine Fische in speziell eingerichteten Aquarien dem geneigten Kunden die Hornhaut von den Füssen knabbern – sprich ihnen eine animalische Fußpflege verabreichen. Bei den Miniaturpodologen handelt es sich um Rote Saugbarben, rund 10 Zentimeter große Fischlein, die in der freien Natur im Vorderen Orient und in der Türkei vorkommen. Regelrecht berühmt wurde eine Population in den Badebecken von Heißwasserquellen in der Nähe von Kangal, einer kleinen Stadt in Anatolien. Hier entdeckte man, warum die kleinen Fische ausgerechnet die Hornhaut menschlicher Füße zum Fressen gern haben. Es ist schlicht und einfach ein gewaltiger Hunger, der die Fische dazu treibt, sich die Hornhautschuppen der Badenden einzuverleiben.

In den heißen Quellbecken gibt es dank der hohen Temperaturen, die dort herrschen, kaum tierisches oder pflanzliches Plankton. Ein Mangel, der die Saugbarben dazu zwingt, auf andere Nahrungsquellen auszuweichen. Da kommen den kleinen Knabberfischen die Hautschuppen von Menschen, die in diesen Gewässern baden, gerade recht. Die Hornschuppen an den Füßen der Badegäste sind für die Fische nicht nur leicht zugänglich, sondern ausgesprochen reich an Proteinen. Zum Glück für die Badegäste sind die „Fußpflegerfische" besonders scharf auf verhornte Haut als Snack – aber nur, weil sie leichter abzuknabbern ist als weiche, glatte Haut.

Aber wo Kangalfisch draufsteht, ist leider nicht immer auch Kangalfisch drin. Vor allem in Thailand arbeiten einige schwarze Schafe unter den Fisch-Spa-Betreibern nicht mit Saugbarben, sondern mit einer anderen, in Anschaffung und Haltung günstigeren Fischart, dem Döbel – und das sehr zum Nachteil der Kunden. Der Döbel ist zwar durchaus auch ein fleißiger Hautschuppenverzehrer, besitzt aber im Gegensatz zur Saugbarbe eine überaus scharfe Hornleiste, die oftmals auch die nicht verhornte Fußhaut verletzt. In anderen Fisch-Spas gibt es dagegen gravierende Hygieneprobleme, denn dort wird auf eine Desinfektion der Füße vor und nach der „Fischtherapie" verzichtet. Leider suchen jedoch manchmal auch Menschen mit noch nicht verheilten Verletzungen oder Infektionen an Füßen und Beinen ein Fisch-Spa auf. In Folge kann es ohne ausreichende Desinfektion der Gliedmaßen zu einer Übertragung von gesundheitsschädlichen Mikroorganismen über das Wasser oder die Fische selbst kommen.

Die Kosten für einen Besuch im Fisch-Spa sind von Ort zu Ort verschieden. Bei uns in Deutschland kostet eine Stunde Fischtherapie in der Regel zwischen 40 und 80 Euro. Der Besuch eines Fisch-Spas in Thailand ist deutlich günstiger. Dort zahlt man umgerechnet 13 Euro je halbe Stunde.

Mittlerweile sind vielerorts Besuche im Fisch-Spa zu einem Social Event mutiert, bei dem eine Weihnachtsfeier abgehalten oder ein Junggesellinnenabschied mit ein paar Glas Prosecco gefeiert wird, während die Fische fleißig die Füße von der lästigen Hornhaut befreien. Und sowohl auf dem Londoner als auch auf dem New Yorker Flughafen hat man sogar die Möglichkeit, sich noch schnell in einem Fisch-Spa die Füße pflegen zu lassen, während man auf seinen Flieger wartet.

Die rechtliche Situation in Sachen Fisch-Spa ist bei uns in Deutschland ziemlich verworren. So hat beispielsweise das zuständige Landesamt für Natur, Umwelt- und Verbraucherschutz Nordrhein-Westfalen im September 2011 in einem Schreiben den Kommunen und Kreisen von einer Genehmigung für rein kosmetische Zwecke abgeraten, da ein Fisch-Spa „mit den Grundsätzen des ethischen Tierschutzes nicht vereinbar sei, weil durch die Haltung den Fischen unvermeidbare Schmerzen, Leiden und Schäden zugefügt werden".

Das hessische Umweltministerium hat 2012 sogar die Haltung von Roten Saugbarben zur gewerblichen Nutzung unter Berufung auf den Tierschutz streng untersagt. In Baden-Württemberg und Bayern existieren auf unterer Verwaltungsebene ähnliche Regelungen. Viele Gerichte sehen das allerdings anders: So urteilte das Verwaltungsgericht Gelsenkirchen im Mai 2014, dass „die Verwendung von Saugbarben in einem Friseurstudio einen Nutzen für den behandelten Kunden bewirken kann, der ein eventuelles Leiden der Fische deutlich übersteigt". Ähnlich sieht es das Verwaltungsgericht Köln, dass 2015 entschied, dass „der Einsatz der ‚Knabberfische' in einem Kosmetikstudio bei Einhaltung bestimmter Auflagen tierschutzgerechter Haltung entsprechen und damit zulässig sein kann". Vergleichbare Urteile fällten das Verwaltungsgericht Freiburg und das Verwaltungsgericht Meiningen.

Aber Rote Saugbarben können noch weit mehr, als „nur" die Füße von Patienten von der lästigen Hornhaut befreien. Die kleinen Fische sind auch als echte „Doktorfische" tätig. Schon seit längerer Zeit weiß man, dass Saugbarben die Symptome der Schuppenflechte deutlich lindern können – und das ebenfalls mittels ihrer Knabbertätigkeit. Die hungrigen Fische knabbern bei Schuppenflechtepatienten die erkrankten und damit leicht zugänglichen Hautpartien ab, sodass nach dem Knabbervorgang die erneuerte und gesunde Haut des Patienten zum Vorschein kommt.

Von einer Heilung der Schuppenflechte durch die „Doktorfisch-Therapie", wie das manche Anwender behaupten, kann jedoch keine Rede sein. Allerdings verschafft die Fischtherapie vielen Patienten nach eigener Aussage eine oft Monate lang anhaltende Linderung der unangenehmen Symptome, wie Einreißen, Jucken und Spannungsgefühl der Haut, die eine Schuppenflechteerkrankung begleiten. Außerdem kommt es zu einer deutlichen Verbesserung des Erscheinungsbildes, was sogar wissenschaftlich erwiesen ist: Wissenschaftler der Universität Wien konnten in einer 2006 veröffentlichten Studie zeigen, dass die Fischtherapie durchaus eine „brauchbare Behandlungsmöglichkeit" für Schuppenflechtepatienten darstellt. In der über 3 Jahre laufenden Studie wurden insgesamt 67 Schuppenflechtepatienten mit Kangalfischen und anschließend mit ultraviolettem Licht behandelt – und das mit gutem Erfolg: Bei immerhin 44 Prozent der Patienten gingen die Hauterscheinungen um zumindest 75 Prozent zurück, bei weiteren 44 Prozent um mindestens 50 Prozent. Lediglich 9 Prozent der Patienten zeigten nur ein geringfügig verbessertes Hautbild. Kein einziger Patient hat überhaupt nicht auf die Therapie angesprochen.

Krötenlecker

Wer einen Frosch küsst, hat gute Chancen, dass dieser sich in einen Prinzen verwandelt. Zumindest in einem sehr bekannten Märchen ist das so. Aber was passiert eigentlich, wenn man genüsslich über den Rücken einer Kröte leckt? Sehr wahrscheinlich sieht man die Welt dann etwas verschwommen, dafür aber in vielen bunten Farben. Das Rückensekret einiger Krötenarten enthält nämlich starke natürliche Halluzinogene, die laut Experten in ihrer Wirkung durchaus mit LSD zu vergleichen sind. Kein Wunder also, dass so manche Drogenkonsumenten scharf auf die preiswerte „Krötendroge" sind. Tendenz übrigens steigend.

Konsumiert wird das berauschende Krötensekret vor allem im Land der unbegrenzten Möglichkeiten. Dort ist seit Längerem die sogenannte Coloradokröte, eine bis zu 20 Zentimeter große Krötenart, das Ziel der Begierde der Krötenjunkies. Bis weit in die 1990er-Jahre waren die Coloradokröte und ihr halluzinogenes Sekret noch ein Geheimtipp unter wenigen Eingeweihten. Das änderte sich jedoch schlagartig, als 1994 die angesehene New York Times in einem großen Artikel über einen Lehrer berichtete, der verhaftet worden war, weil er an einer Kröte geleckt und damit gegen das Betäubungsmittelgesetz verstoßen hatte.

Eigentlich sind die halluzinogenen Stoffe ein Produkt des genialen körpereigenen Abwehrsystems der Coloradokröten. So sind die Kröten in der Lage, aus Drüsen am Hinterkopf und am Rücken ein giftiges Sekret zu produzieren. Dieses Sekret dient zum einen der Abwehr von Fressfeinden und verhindert zum anderen, dass sich Parasiten und andere Mikroorganismen auf der Haut festsetzen. Bei einem Angreifer verursacht das Krötensekret bei Kontakt Reizungen an Haut und Schleimhäuten. Gelangt es in die Augen, kann dies auch schon mal zu einer vorübergehenden Erblindung führen. Bei Fressfeinden, die nicht allzu groß sind, wie kleine Säugetiere oder Echsen, und die Appetit auf eine Coloradokröte haben, kann der unbeabsichtigte Konsum des Krötensekrets durch die Schädigung der Herzmuskulatur sogar zum Tod führen.

Und genau an diesem giftigen Sekret bedienen sich die menschlichen Drogenkonsumenten. Das Krötensekret enthält gleich drei Halluzinogene mit unterschiedlichen Wirkungsweisen: Dimethyltryptamin ist für das schnelle Eintreten der Halluzinationen verantwortlich. 5-Metoxymonomethyltryptamin ist dagegen, als eines der stärksten bekannten Halluzinogene, im Wesentlichen für die Stärke der Rauschzustände verantwortlich. Bufotenin wiederum verursacht optische Halluzinationen, wie Lichtblitze, aber auch Schwindelgefühle, Bluthochdruck und Verwirrungszustände.

Ein, wohl in den Geheimnissen der Kernphysik ziemlich beschlagener, US-amerikanischer Konsument beschrieb die Erfahrung eines Krötentrips einmal überaus plastisch: „Die Wirkung eines 20-Minuten-Trips ist so intensiv, dass ich gehört habe, wie die Elektronen in meinen Molekülen von einer Kreisbahn auf die andere gesprungen sind."

Die halluzinogene Wirkung tritt nach rund einer halben Stunde ein und erinnert an die Wirkung von LSD mit den bekannten Folgen: Selbstüberschätzung, Farberscheinungen, Euphorie und Redefluss.

Allerdings wird der halluzinogene Krötensekretkonsum oft von einem ganzen Strauß unerwünschter und unangenehmer Nebenwirkungen begleitet. So können zum Beispiel Kopfschmerzen, Schwindelgefühle und Übelkeit bis hin zu Erbrechen und Augenzittern auftreten. Richtig gefährlich wird es, wenn es drogenbedingt zu einer drastischen Verringerung des Herzschlages oder zu Herzrhythmusstörungen kommt.

Übrigens, auch die Haut von drei in Deutschland heimischen Kröten enthält diese berauschenden Substanzen: zum einen unsere häufigste Kröte, die Erdkröte, und dann noch zwei deutlich seltenere Krötenarten, die Kreuzkröte und die Wechselkröte. Alle drei produzieren aber deutlich weniger Drogensekret als die Coloradokröte. Will heißen, für eine ordentliche Halluzination müsste man wohl ziemlich ausgiebig an einer oder sogar an mehreren Kröten hintereinander lecken.

Das Krötengift selbst wird mithilfe unterschiedlicher Techniken und manchmal auch auf eine ziemlich brutale Art und Weise konsumiert. Die sicherlich banalste, aber auch unappetitlichste Prozedur besteht darin, das berauschende Sekret frisch vom Rücken der Kröte zu lecken. In den USA werden solche User in der Szene gerne als sogenannte „Toadies" (Kröten) verspottet. Manuell geschickte Krötenbesitzer dagegen melken ihre Tiere regelrecht, indem sie die Giftdrüsen vorsichtig mit den Fingern stimulieren. Das gewonnene Gift wird dann getrocknet und in Haschischpfeifen geraucht. Einige weniger tierliebe Konsumenten versetzen vor der Stimulation die Kröte mit einem brennenden Feuerzeug in Angst und Schrecken, denn dadurch lässt sich die Sekretproduktion beträchtlich steigern.

Im Vergleich zum Erwerb von herkömmlichen Betäubungsmitteln ist der Konsum von Krötensekret ein ausgesprochen preiswertes und auch nachhaltiges Vergnügen. Auf dem Schwarzmarkt in den USA bekommt man eine Kröte schon für etwa zehn Dollar – und die kann bei guter Pflege über mehrere Jahre hinweg mindestens einmal täglich gemolken werden. Weniger nachhaltigere, aber dafür ausgesprochen brutale Konsumenten dagegen töten die Kröten und kochen die Haut samt Sekret zu einem Sud auf, der dann als „Tee" konsumiert wird. Die entsprechend zubereitete Haut kann aber auch geraucht werden.

Aber wie sieht die rechtliche Situation in Sachen Krötensekretkonsum aus? Ist es in den USA tatsächlich, wie man das immer wieder mal in den einschlägigen TV-Quizsendungen hört oder in Internetforen liest, gesetzlich verboten, am Rücken einer Kröte zu lecken? Diese Frage ist nicht so einfach zu beantworten. Bufotenin und Dimethyltryptamin, die beiden Hauptwirkstoffe des Krötendrogencocktails, sind in den USA illegale Substanzen, die dort unter das Betäubungsmittelgesetz fallen. Soweit so gut. Jetzt wird es aber kompliziert: In Kalifornien und New Mexiko, also in zwei der drei amerikanischen Bundesstaaten, in denen die Coloradokröte in der freien Natur vorkommt, ist die Coloradokröte geschützt und darf nicht – zu welchen Zwecken auch immer – gefangen werden. Im dritten Staat Arizona sieht die Sache anders aus. Hier dürfen Besitzer gültiger Angelscheine (!) völlig legal bis zu zehn Coloradokröten als Haustiere halten. Will heißen, wer in Arizona im Besitz von Coloradokröten ist, dem müssen die zuständigen Behörden erst einmal hieb- und stichfest nachweisen, dass er vorsätzlich an der Kröte geleckt hat oder sie einer dritten Person zum mutwilligen Lecken gereicht hat.

Ähnlich sieht übrigens die rechtliche Lage bei uns in Deutschland aus: Dimethyltryptamin oder 5-Methoxy-Dimethyltryptamin sind bei uns als reine oder auch als angereicherte Substanzen illegal und laut Anhang des Betäubungsmittelgesetzes nicht verschreibungsfähig und nicht verkehrsfähig. Deshalb ist der Besitz und Handel dieser beiden Stoffe strafbar. Bufotenin dagegen ist in den Anlagen zum Betäubungsmittelgesetz nicht aufgeführt.

Der Besitz von getrockneten und zubereiteten Krötenhäuten oder Krötensekreten ist ebenfalls verboten, da man hier die Herstellung eines Betäubungsmittels unterstellt, oder, wie das in bestem Juristendeutsch heißt, zumindest der Tatbestand der Herstellung von Zwischenprodukten erfüllt ist. Der Besitz von lebenden Kröten ist dagegen nicht verboten – natürlich nur, sofern sie nicht zur Gewinnung von Rauschmitteln gedacht sind und wenn kein Verstoß gegen die Artenschutzgesetze vorliegt.

Tiere als Drogenkuriere

Drogenhändler können ziemlich kreativ sein, wenn es darum geht, Drogen an den oft strengen Kontrollen der Behörden vorbeizuschmuggeln. Für größere Mengen wird schon mal ein Mini-U-Boot oder eine Drohne eingesetzt. Kleinere Mengen werden dagegen oft in Kondome verpackt, geschluckt und dann im eigenen Körper geschmuggelt. Schon seit längerer Zeit werden aber auch immer wieder Tiere als unfreiwillige Drogenkuriere missbraucht.

In den USA entdecken die Behörden Jahr für Jahr Drogen im Wert von rund 25 Millionen Dollar, die via Tier ins Land geschmuggelt werden sollen. Da aber nur ein winziger Bruchteil der in die USA importierten Tiere auf Drogen untersucht wird, gehen Experten von Schmuggelgut mit einem tatsächlichen Wert von rund einer halben Milliarde Dollar pro Jahr aus.

Ganz besonders beliebt als tierische Drogenkuriere sind Brieftauben, die bekanntermaßen zuverlässig eine Botschaft oder eine kleine Ladung von A nach B bringen können. Brieftauben kommen vor allem dann zum Einsatz, wenn es darum geht, kleinere Mengen Drogen in Gefängnisse einzuschmuggeln. Laut Experten schafft eine gut abgerichtete Taube bis zu 15 Drogenflüge pro Tag in einen Knast und zurück. 2017 sorgte ein Fall von Drogenschmuggel per Taube für Aufsehen, als argentinische Polizisten eine Drogenkuriertaube über dem Gefängnis von Santa Rosa in der Provinz Pampa vom Himmel schossen. Der tote Vogel trug einen kleinen weißen Stoffrucksack, in dem sich Marihuana, diverse Aufputschpillen und ein USB-Stick befanden. Das Foto der erschossenen Taube, samt Rucksack, ging damals – auch dank der sozialen Netzwerke – um die Welt. Es war nicht der erste Fall von Drogenschmuggel per Taube in Argentinien. Bereits 2013 hatten argentinische Ermittler einen Drogenring ausgehoben, der sich darauf spezialisiert hatte, Tauben als Drogenkuriere abzurichten. Nach Erkenntnissen der italienischen Polizei hat auch die Camorra in Neapel in der Vergangenheit immer wieder Tauben als Drogenkuriere eingesetzt.

Aber es geht, vogelmäßig gesehen, auch eine Nummer größer. 2009 stoppten peruanische Drogenfahnder, nachdem sie von einem Informanten einen entsprechenden Tipp erhalten hatten, nahe der Stadt Tarapoto einen Bus, um ihn auf Drogen zu kontrollieren. Im Bus fielen den Polizisten sofort zwei, in einem Käfig befindliche, seltsam aufgeblähte Truthähne auf. Bei genauerem Hinsehen entdeckten die Fahnder dann größere Nähte im Brustbereich der Tiere. Die Truthähne wurden daraufhin von den Polizisten in eine nahe gelegene Tierklinik gebracht und dort einem chirurgischen Eingriff unterzogen und der brachte insgesamt 28 Plastikkapseln mit einem Gesamtgewicht von fast 5 Kilogramm Kokain zu Tage. Beide Truthähne überlebten übrigens erfreulicherweise den Eingriff.

Aber nicht nur Vögel, sondern auch Hunde werden gerne als Drogenkuriere eingesetzt und zwar auf eine ähnlich widerlich brutale Art und Weise, wie die bereits erwähnten Truthähne. Die armen Hunde werden gezwungen, solange in Plastikbeuteln eingeschweißte Drogenpakete zu schlucken, bis ihr Magen komplett gefüllt ist. Am Zielort wird den Hunden dann einfach der Bauch aufgeschnitten und die Pakete werden entnommen. Bei dieser Art des Schmuggels werden bevorzugt große Hunde mit großen Mägen eingesetzt, denn eine Bordeauxdogge, ein Labrador oder ein Bernhardiner kann auf diese Weise bis zu 1,5 Kilogramm Drogen transportieren.

Manchmal setzen Drogenschmuggler aber auch auf exotische Tiere als unfreiwillige Drogenkuriere. So entdeckten Zollbeamte 1993 am Flughafen von Miami in einer Frachtladung insgesamt 305 Riesenschlangen der Art *Boa constrictor* mit einer durchschnittlichen Länge von immerhin 1,5 Metern, denen, in einem Kondom verpackt, jeweils 250 Gramm Kokain rektal in den Darm eingeführt worden waren. Anschließend war der Anus der armen Tiere vernäht worden. Nur 63 Tiere überlebten diese brutale Prozedur.

Manchmal werden sogar tote Tiere oder auch Teile von toten Tieren als Drogenversteck genutzt. 2007 entdeckten Zollfahnder in den Niederlanden bei einer Stichprobe in einem aus Peru stammenden Paket rund 100 tote Käfer, die zuvor von Drogenschmugglern mit Kokain gefüllt worden waren. Die Kokainhändler hatten zunächst die bis zu 10 Zentimeter großen Insekten am Rücken aufgeschnitten, um sie dann, nachdem sie zuvor die Eingeweide entfernt hatten, mit Kokain zu befüllen. Anschließend wurden die „Kokainleichen" mit einem handelsüblichen Kleber einfach wieder zugeklebt. Letztendlich war in jedem Käfer durch diese Manipulation Kokain im Wert von mehreren tausend Euro versteckt.

Ein Trüffelhund
als Trüffelschwein

Trüffeln sind sehr wahrscheinlich die beliebtesten, mit Sicherheit aber die teuersten Speisepilze der Welt. Feinschmecker in der ganzen Welt schätzen das „schwarze Gold der Erde" und lassen es sich durchaus etwas kosten, um die köstlichen kleinen Knollen auf den Teller zu bekommen. Besonders begehrt bei Gourmets sind die sogenannten „Weißen Trüffeln", die auf den einschlägigen Trüffelmärkten für einen Preis von bis zu 15 000 Euro pro Kilogramm gehandelt werden. Die Liebe zur Trüffel reicht, folgt man Historikern, weit in die Vergangenheit. So soll bereits der ägyptische Pharao Cheops vor rund 5000 Jahren ein leidenschaftlicher Trüffelesser gewesen sein. Aber auch bei den alten Griechen und Römern waren die dunklen Knollen äußerst geschätzt. Bei Letzteren galten sie sogar als Aphrodisiakum und waren daher der Liebesgöttin Venus geweiht. Aber genau wegen dieser vermeintlich aphrodisierenden Wirkung, aber auch wegen ihres unterirdischen Vorkommens (da wohnt der Teufel!) wurden Trüffeln im Hochmittelalter von der Kirche als Inbegriff der Sünde verteufelt. Doch schon in der Renaissance wurde die köstliche Knolle offensichtlich rehabilitiert. Sonst hätte sie wohl kaum die sowieso schon üppigen Tafeln der Päpste bereichert.

Heute kommen die meisten und auch die besten Trüffeln aus Frankreich, Norditalien und Kroatien. In Nordafrika findet man dagegen die berühmten Wüstentrüffeln.

Aber wie findet man eigentlich die kostbaren Knollen, die doch verborgen vor den Augen des Trüffelsuchers, in rund 30 Zentimeter

Tiefe, bevorzugt im Wurzelbereich von Eichen, Pappeln und Weiden wachsen? Hier ist der Trüffelsucher auf tierische Mithilfe angewiesen: Die Suche nach dem verborgenen schwarzen Gold wird traditionell dem guten Geruchssinn verschiedener Tierarten anvertraut.

Lange Zeit wurden bei der Trüffelsuche vor allem speziell ausgebildete Schweine, die sogenannten „Trüffelschweine" eingesetzt. Und man glaubte lange Zeit auch den Grund zu kennen, warum die Borstentiere immer wieder ihren gut ausgebildeten Geruchssinn einsetzen, um das „schwarze Gold der Erde" zu finden: Angeblich würden die traditionell weiblichen Trüffelschweine deshalb so gierig nach Trüffeln schnüffeln, weil sie der Duft der teuren Knollen sehr stark an den Sexuallockstoff des männlichen Schweins, das sogenannte Androstenon, erinnert und den Weibchen dadurch die Nähe eines sexhungrigen Ebers vorgegaukelt würde.

Seit 1991 gilt die These von der „sexsuchenden Sau" jedoch als weitgehend widerlegt. Französische Wissenschaftler entdeckten, dass es nicht die Pilz-Kopie des Sexualhormons, sondern vor allem ein Duftstoff namens Dimethylsulfid ist, der der Trüffelsau die Fundstelle unter der Erde verrät. Und die sucht die Knollen einfach nur, weil sie ihr gut schmecken.

Heute haben die berühmten Trüffelschweine jedoch weitestgehend ausgedient. Immer mehr Trüffelsucher setzen anstelle der gewichtigen Borstenviecher speziell ausgebildete Hunde zur Trüffelsuche ein. Das hat gleich mehrere gute Gründe: Während Hunde nach Trüffeln suchen, um ihrem Herrchen oder Frauchen eine Freude zu machen bzw. um als Belohnung ein Leckerli zu bekommen, suchen Schweine Trüffeln, weil sie sie schlicht und einfach gerne fressen wollen. Da ist die Gefahr natürlich groß, dass die Trüffel im Magen der Schweine verschwindet, bevor der Mensch rechtzeitig zugreifen kann. Erschwerend kommt hinzu, dass die Schweine beim Ausgraben der Trüffeln im Allgemeinen größere Schäden an den Wurzelspitzen verursachen als Hunde. Das ist auch der Hauptgrund, warum die Trüffelsuche mit Schweinen heute in Italien verboten ist. Außerdem lassen sich Hunde leichter abrichten und transportieren. Eine ausgewachsene Sau passt schließlich kaum in einen normalen Pkw. Ein Hund ist also klar die bessere Option bei der Trüffelsuche.

Theoretisch können alle Hunderassen für die Trüffelsuche eingesetzt werden. Eine sorgfältige Ausbildung zum Trüffelhund ist jedoch zuvor unerlässlich. Es gibt mehrere Arten, einen Trüffelhund auszubilden. Bei der traditionellen Methode werden bereits die Welpen, die später einmal Trüffelhunde werden sollen, darauf trainiert, sich schon in der frühsten Kindheit den charakteristischen Trüffelgeruch einzuprägen. Um dies zu erreichen, werden die Zitzen des Muttertieres schon unmittelbar nach der Geburt ständig mit Trüffelsaft eingerieben. Dadurch assoziieren die so geprägten Welpen später als erwachsene Hunde den Trüffelgeruch automatisch mit Nahrung und suchen – vor allem, wenn sie hungrig sind – systematisch nach dem vertrauten Geruch, sprich nach den begehrten Pilzen.

Bei anderen Ausbildungsmethoden wird dagegen entweder der Spieltrieb junger Hunde genutzt oder dem Hund wird im Laufe des Trainings beigebracht, dass er bei erfolgreicher Trüffelsuche mit Leckereien, wie zum Beispiel einem Stückchen Wurst, rechnen darf.

Im Piemont nahe dem Städtchen Alba gibt es sogar eine Trüffelhunde-Universität. In der „Università dei Cani da Tartufo" werden schon seit über 110 Jahren Hunde zur Trüffelsuche ausgebildet. Die ersten Trüffelhunde in Deutschland gab es übrigens bereits 1720. Die Vierbeiner mit Spezialausbildung standen damals in Diensten des legendären sächsischen Kurfürsten August des Starken.

Aber nicht nur Hunde und Schweine, sondern auch eine winzige Insektenart kann bei der Suche nach den kostbaren Knollen eine große Hilfe sein. Genauer gesagt eine kleine Fliege, die auf den schönen Namen „Rötliche Trüffelfliege" hört. Die Fliege, die auf den ersten Blick stark an eine hundsgemeine Stubenfliege erinnert, legt ihre Eier – dank ihres besonders fein ausgeprägten Geruchssinns – stets im Wald an Stellen ab, an denen sich unter der Erde Trüffelknollen befinden. Und das hat einen guten Grund: Dank dieser präzisen Eiablage haben die aus den Eiern schlüpfenden Fliegenmaden einen vergleichsweise kurzen Weg zu ihrer ersten Nahrungsquelle, den Trüffeln.

Der entomologisch vorgebildete Trüffelsucher muss also im Prinzip nur dort graben, wo sich die kleinen Fliegen vermehrt aufhalten und wohin sie immer wieder hartnäckig zurückkehren, auch wenn man sie mit einem Stock verscheucht.

Der Würchwitzer
Milbenkäse

Milben erfreuen sich bei uns Menschen, um es vorsichtig zu formulieren, nicht gerade übermäßig großer Beliebtheit. Das hat einen guten Grund: Viele der kleinen Spinnentiere fallen in die Kategorien Gesundheits-, Hygiene- oder Vorratsschädling. Doch keine Regel ohne Ausnahme – eine winzige Milbe mit wissenschaftlichem Namen *Tyroglyphus casei* leistet einen überaus wichtigen Beitrag bei der Herstellung einer Delikatesse, dem berühmt-berüchtigten Würchwitzer Milbenkäse. Diese Käsespezialität wird im Prinzip wie jede andere Käsesorte auch hergestellt, aber eben nur im Prinzip. Und jetzt wird es reichlich skurril: Sorgen bei einem „normalen" Käse Bakterien oder Schimmelpilze für den Reifeprozess des Käses, übernehmen beim Würchwitzer Milbenkäse Milben diese Aufgabe.

Bei der Milbenkäseherstellung wird zunächst ein ausgiebig entwässerter und getrockneter Labquark mit Salz und Kümmel kräftig gewürzt. Anschließend wird der Milbenkäse in spe zu kleinen kurzen Stangen geformt und dann mehrere Monate in einer Kiste gelagert. Einer Kiste, in der mehrere Millionen Käsemilben dafür sorgen sollen, dass der Käse reift. Es sind allerdings – ziemlich unappetitlich – der Speichel und der Kot der winzigen Achtbeiner, die bewirken, dass der Käse den richtigen Reifegrad und sein gewünschtes Aroma erhält.

Um zu verhindern, dass die Milben selbst den Käse allzu stark abfressen, gibt man stets, als eine Art Kraftfutter, noch eine Handvoll Roggenmehl in die Kiste. Um etwaige Milbenleichen im Käse braucht man sich keine Sorgen zu machen. Käsemilben sind kannibalistisch veranlagt und verzehren ihre toten Artgenossen zuverlässig. Nach rund 3 Monaten konsequenter Milbenbehandlung ist der Milbenkäse dann ausgereift und verzehrbereit.

In Sachen Milbenkäseverzehr kann der geneigte Gourmet unterschiedliche Prioritäten setzen: Viele Konsumenten verzehren den Käse mitsamt den Milben. Andere kratzen doch lieber die Milben vorher ab. Und die ganz hartgesottenen setzen allein auf die Milben, wenn es darum geht, einen leckeren Brotaufstrich zu gewinnen.

Geschmacklich erinnert der Milbenkäse wohl am ehesten an einen milderen Harzer Käse. Ein offensichtlich sehr erfahrener Käsespezialist hat den Geschmack einmal wie folgt beschrieben: „Sehr herb, mit leichten Bitternoten am Gaumen. Die Ausscheidungen der Milben verleihen der Rinde eine an verdünnten Honig erinnernde Süße, die dazu einen schönen Kontrast bildet."

Milben, möglicherweise auch noch reichlich mit Bakterien versehen, zu verspeisen – sind da nicht Leib und Leben des Konsumenten gefährdet? Hygieniker hatten so ihre Bedenken. Völlig unnötig, wie Untersuchungen des Biologisch-Chemischen Instituts Hoppegarten zeigen. Im Milbenkäse konnten keinerlei gesundheitsschädliche Keime gefunden werden, sodass die zuständige Lebensmittelüberwachungsbehörde bald darauf grünes Licht für die Milbenkäseherstellung gab.

Preisgünstig ist das Vergnügen, einmal im Leben einen „milbengereiften" Käse zu probieren, nicht gerade. Für 100 Gramm „normalen" Milbenkäse muss man stolze 6 Euro auf den Tisch legen. Wer sich dagegen einmal am Flaggschiff der Würchwitzer Milbenkäseproduktion versuchen will, der sogenannten „Würchwitzer Himmelsscheibe" – ein halbes Jahr in Milben gereifter Ziegenkäse –, muss für die gleiche Menge mehr als das Doppelte berappen.

Die Milbenkäseproduktion hat im Osten Deutschlands, genauer gesagt in Sachsen-Anhalt, eine lange Tradition. Eine Tradition, die allerdings beinahe ausgestorben wäre, hätte nicht Helmut Pöschel, in Würchwitz ansässiger Biologie- und Chemielehrer, Anfang der 1990er-Jahre die Tradition der Milbenkäseproduktion wieder aufgenommen. Und da Pöschel auch ein geschicktes Händchen in Sachen Marketing hatte, wurde der Milbenkäse relativ schnell bundesweit bekannt.

Oder wie sonst wäre es zu erklären, dass das Milbenprodukt bald darauf zumindest verbalen Einzug in die Kult-Fernsehsendung „Wer wird Millionär" gehalten hat. Auch Fernsehkoch Steffen Henssler richtete in seiner preisgekrönten Sendung „Grill den Henssler" einfach mal einen Caesar Salad mit Milbenkäse anstelle von Parmesan an.

Als ob das alles nicht schon skurril genug wäre, hat man der Würchwitzer Käsemilbe als wahrscheinlich einziger Milbe weltweit ein Denkmal gesetzt: Seit ein paar Jahren steht eine 3 Meter hohe und 3,5 Tonnen schwere Milbe aus feinstem Carrara-Marmor mitten in Würchwitz. Ein Denkmal, das man übrigens auch riechen kann, denn in einer am Hinterteil der Milbe angebrachten Vertiefung befindet sich stets ein kleines Stück Milbenkäse. Auch ein Milbendenkmal kann eine Werbeikone sein.

Elchkäse

Käse ist in Deutschland ziemlich beliebt. Rund 25 Kilogramm Käse verzehrt der deutsche Durchschnittsbürger pro Jahr und hat dabei die Qual der Wahl: Weltweit gibt es rund 4000 Käsesorten. Die Milch dafür stammt zum allergrößten Teil von Kühen, Ziegen und Schafen. Doch es gibt auch ein paar exotischere Käsesorten aus der Milch etwa von Büffeln, Yaks, Eseln oder Kamelen. Einer der teuersten Käse der Welt wird jedoch aus der Milch der größten Hirschart der Welt gewonnen – von Elchkühen.

Ein Kilogramm kostet immerhin rund 500 Euro, denn Elchkäse ist sehr rar. Es gibt in Schweden und Russland einige wenige Elchfarmen, die sich auf die Herstellung von Elchkäse spezialisiert haben.

Das Hauptproblem bei der Elchkäseproduktion besteht darin, dass sich Elchmilch nur sehr schwer in großen Mengen herstellen lässt. Elche sind Wildtiere und lassen sich nur schwer domestizieren. Dies gelingt nur durch eine sehr frühzeitige Gewöhnung, sprich eine sogenannte Prägung auf den Menschen. Zudem lassen sich Elche als Einzelgänger, sprich als „Nichtherdentiere", nicht in ausreichend großer Anzahl auf engem Raum halten. In der Praxis sieht das Prozedere des Elchkuhmelkens so aus: Die Elchkühe leben frei in der Umgebung der Farmen und kommen auf Zuruf, um sich melken zu lassen. Manchmal haben die Tiere aber auch keine Lust, dann gibt es eben keine Milch.

Erschwerend kommt hinzu, dass Elchkühe von ihrer Euter-Anatomie her schwerer zu melken sind als zum Beispiel Milchkühe. Die

Zitzen sind schmal und kurz und lassen sich daher nur mühsam mit Daumen und Zeigefinger melken. Und dann sind Elchkühe äußerst schreckhaft, was das Melken angeht. Deshalb können bei Elchen auch keine Melkmaschinen eingesetzt werden. Schon bei der geringsten Störung, wie etwa einem bellenden Hund oder einem aufheulenden Motor, verweigern Elchkühe, dank einer starken Muskulatur in den Eutern, die Milchabgabe.

Elchkühe geben, obwohl sie so stattliche Tiere sind, pro Melkvorgang gerade mal maximal 3 Liter Milch – manchmal sogar nur ein paar hundert Milliliter. Will heißen, eine Elchkuh gibt jährlich nur rund 400 Liter Milch, eine sogenannte Hochleistungskuh dagegen 30 000 Liter Milch pro Jahr. Da die Tiere oft sehr unruhig sind, dauert der Melkvorgang dennoch bis zu 2 Stunden. Die Milch wird dann zunächst eingefroren, bis eine ausreichende Menge für die Käseherstellung zusammengekommen ist.

Elchmilch ist wesentlich fetthaltiger als Kuhmilch und auch ertragreicher für die Käseherstellung. Braucht man für 1 Kilo Schnittkäse ungefähr 10 Liter Kuhmilch, so reichen für 1 Kilo Elchkäse lediglich 2,5 Liter Elchmilch.

Vom Geschmack her besitzt Elchkäse – es gibt nur eine Sorte – ein deutlich kräftigeres Aroma als Kuhkäse. Das Aroma ist etwa vergleichbar dem eines griechischen Fetakäses, findet aber durchaus bei Gourmets Anklang. Nicht umsonst setzen sogar einige Sterneköche bei der Bewirtung ihrer Gäste auf Elchkäse. Aber Elchkäse hat noch deutlich mehr zu bieten als ein feines Aroma. Nach Angaben russischer Wissenschaftler ist der Verzehr von Elchkäse bzw. Elchmilch äußerst gesund, denn Elchmilch enthält einen großen Anteil an Lysozymen. Das sind Abwehrenzyme, die antibakteriell und entzündungshemmend wirken. Deshalb wird in Russland Patienten, die unter der chronischen Darmkrankheit Morbus Crohn leiden, Elchmilch verabreicht. Viele Menschen in Russland, die wegen einer Krebserkrankung eine belastende Strahlentherapie hinter sich gebracht haben, versuchen, ihre Abwehrkräfte wieder aufzubauen, indem sie Elchmilch trinken.

Preislich getoppt wird Elchkäse noch von sogenanntem „Pule", einem Käse aus Eselsmilch, den ausschließlich ein serbischer Bauer in der Nähe von Belgrad herstellt. Das Kilogramm „Pule" kostet 1000 Euro. Der hohe Preis erklärt sich zum einen damit, dass der Käse aus der Milch von rund 400 Balkaneseln, einer sehr seltenen Rasse, hergestellt wird. Die Herde des Bauern ist die letzte ihrer Art. Zum anderen geben Eselsstuten nur sehr wenig Milch, gerade mal einen Viertelliter pro Tag.

Der Eselskäse schmeckt dem Vernehmen nach wie spanischer Manchego. 2012 kaufte übrigens der serbische Tennisstar Novak Djokovic, die ehemalige Nummer 1 der Welt, den gesamten Jahresvorrat an Pule auf, um ihn exklusiv in seiner eigenen Restaurantkette anzubieten.

Katzenkaffee

Es ist eine südostasiatische Schleichkatzenart, der sogenannte „Fleckenmusang", die tüchtig dabei mithilft, eine der teuersten Kaffeesorten der Welt herzustellen – den berühmt-berüchtigten Katzenkaffee. Eigentlich ernähren sich Schleichkatzen von kleinen Säugetieren, Insekten und Würmern, aber eben nur eigentlich. Die absolute Lieblingsnahrung der kleinen Raubtiere, die auf den ersten Blick so wirken, als hätte man eine Katze mit einem Wiesel gekreuzt, sind überreife, zuckersüße Kaffeekirschen. Dummerweise können die Fleckenmusangs allerdings nur das rote Fruchtfleisch verdauen, die Kaffeebohne selbst scheiden sie wieder aus. Genau diese Tatsache machen sich findige Kaffeebauern zunutze: Es ist offenbar genau dieser Gang durch den Verdauungstrakt der Schleichkatzen, der die Kaffeebohnen sozusagen veredelt bzw. ihnen einen ganz besonderen Geschmack verleiht. Und egal, wie unappetitlich dieser Vorgang ist, diese „katzenbehandelten" Bohnen sind bei den Gourmets in aller Welt äußerst begehrt. Die sauren Magensäfte und eine Handvoll Enzyme sorgen in einer Art natürlicher Fermentation dafür, dass den Bohnen Bitterstoffe entzogen werden und sie deshalb – das behaupten zumindest die Experten – nach dem Röstvorgang ein einzigartiges Aroma entfalten können. Der Name Kopi Luwak für den Katzenkaffee stammt übrigens vom indonesischen Wort „Kopi" für Kaffee und „Luwak", der indonesischen Bezeichnung für Schleichkatzen.

Zum Glück für die Kaffeebauern verrichten Schleichkatzen ihr Geschäft stets an denselben Stellen – einer Art „Schleichkatzensammelklos": Aus diesem Grund müssen die „darmveredelten Bohnen" am nächsten Morgen von den Kaffeebauern nur noch an den entsprechenden Stellen aufgesammelt, gründlich gereinigt und anschließend zu den einschlägigen Kaffeeröstereien gebracht werden.

Die Entdeckung des Katzenkaffees hängt mit einer Regelung aus der Kolonialzeit Indonesiens zusammen: Der auf den Kaffeeplantagen angebaute Kaffee war damals ausschließlich den holländischen Kolonialherren vorbehalten oder für den Export vorgesehen. Und da die einheimische Bevölkerung durch diese Regelung keinen Zugriff auf den regulären Plantagenkaffee hatte oder ihn sich aus finanziellen Gründen nicht leisten konnte, sammelte sie stattdessen die Kaffeebohnen aus dem Kot der bereits damals reichlich vorhandenen Schleichkatzen auf und brühte dann diese Bohnen auf. Der Luxuskaffee war früher also ein „Arme-Leute-Getränk".

Allerdings ist Kopi Luwak für den geneigten Kaffeeliebhaber nicht gerade preiswert. Das Kilo kostet im Einzelhandel über 300 Dollar, manchmal sogar bis zu 1000 Dollar. Und das ist kein Wunder, denn jährlich kommen gerade mal 200 bis 300 Kilogramm Kopi Luwak auf den Weltmarkt.

Doch wie schmeckt so ein Katzenkaffee? Der berühmte englische Schauspieler und Komiker John Cleese hat den Geschmack in einem Interview einmal sehr ausführlich beschrieben: „erdig, modrig, mild, sirupgleich, gehaltvoll und mit Untertönen von Dschungel und Schokolade". Die Qualität des Katzenkaffees ist allerdings nicht immer gleich. Hier spielen unterschiedliche Faktoren eine Rolle: die Art der gefressenen Kaffeebohne, die Verweildauer der ausgeschiedenen Kaffeebohne auf dem Waldboden und natürlich auch die gerade herrschenden Witterungsverhältnisse.

Der enorme Gewinn, der sich mit Katzenkaffee erzielen lässt, hat in den letzten Jahren vermehrt einige Bewohner Javas und Sumatras dazu veranlasst, Fleckenmusangs zu fangen, in Käfige zu sperren und dort mit Kaffeekirschen vollzustopfen, um so in einer Art „Heimproduktion" größere Mengen des begehrten Katzenkaffees herzustellen. Auf den Philippinen entstanden sogar legehuhnbatterieähnliche Haltungssysteme für Fleckenmusangs, in denen die Tiere sich kaum rühren konnten und sich an den Gitterdrähten immer wieder die Haut aufrissen. Tierschutzorganisationen, die diese „Fleckenmusang-Farmen" etwas näher in den Fokus nahmen, berichten auch über Mangelerscheinungen, wie Haarausfall, sowie gravierende Verhaltensstörungen der Tiere. Kein Wunder, dass die derart misshandelten Tiere meist nach kurzer Zeit an der einseitigen Ernährung und den schlechten Haltungsbedingungen zugrunde gehen. Die Tierschutzorganisation PETA fordert deshalb Händler und Verbraucher auf, den Vertrieb von Kopi Luwak zu boykottieren.

Dabei kann man schon seit ein paar Jahren Katzenkaffee deutlich eleganter und ohne Tierquälerei produzieren: Deutschen Wissenschaftlern gelang es bereits 1996 im Auftrag einer vietnamesischen Firma, die sechs Enzyme, die die Kaffeebohnen im Verdauungstrakt der Fleckenmusangs „veredeln", zu identifizieren und zu isolieren. Im nächsten Schritt wurden dann diese sechs Verdauungsenzyme künstlich produziert und daraus eine Lösung hergestellt, mit der man Kaffeebohnen auch im Labor einen „Kopi-Luwak-Effekt" verpassen konnte. Die nicht im Verdauungssystem der Schleichkatzen, sondern im Labor entstandene Kopi-Luwak-Sorte wurde letztendlich zum Patent angemeldet und mit großen Hoffnungen unter dem Namen „Legendee" auf den Weltmarkt gebracht. Der Erfolg ist jedoch überschaubar. Offensichtlich bevorzugen die Konsumenten das Original.

Die hohe Gewinnspanne, die sich durch den Verkauf von Kopi Luwak erzielen lässt, ist auch der Grund, warum immer wieder größere Mengen gefälschten Kopi Luwaks auf dem Weltmarkt auftauchen: Stinknormale Kaffeebohnen, die eben nicht von Schleichkatzen veredelt wurden, aber dennoch in bunten Verpackungen mit dem Aufdruck „Katzenkaffee" dem geneigten Konsumenten angeboten werden. Für einen Laien sind diese Fälschungen sehr schwer zu erkennen. Es sei denn, man verfügt über ein mit wissenschaftlicher Hightech ausgestattetes Labor. So kann man zum Beispiel mithilfe eines Rasterelektronenmikroskops auf der Oberfläche der „echten" Kopi-Luwak-Bohnen winzige „Krater" entdecken, die von den Verdauungsenzymen der Fleckenmusangs stammen. Bei „normalen" Kaffeebohnen fehlen diese Krater. Eine andere Möglichkeit bestände darin, durch eine gaschromatische Analyse ein sogenanntes „Aromaprofil" zu erstellen. Auch damit lässt sich die Echtheit von Kopi Luwak überprüfen. Aber welcher Konsument hat schon solche Hightechgeräte im heimischen Wohnzimmer?

Im Norden Thailands hat man es dagegen in Sachen tierische Kaffeebohnenherstellung gerne ein paar Nummern größer. Hier dienen Elefanten, die größten Landtiere der Welt, als „Kaffeebohnenveredler". 25 Elefanten, die auf dem Gnadenhof der „Golden Triangle Asian Elephant Foundation" leben, sind als Produzenten von „Black Ivory", dem teuersten Kaffee der Welt, beschäftigt. Die ehemaligen Arbeitselefanten führen dort, wenn man es mit ihrer vorherigen Tätigkeit vergleicht, ein ziemlich komfortables Leben. Nach dem allmorgendlichen, bei Elefanten so überaus beliebten Bad bekommen die grauen Riesen eine üppige Mahlzeit serviert, die neben Bananen und abgekochtem Reis auch eine reichliche Portion Kaffeebohnen enthält. Das Prozedere im Verdauungstrakt der Elefanten ist dann das gleiche wie bei den Schleichkatzen: Die Darmenzyme entziehen den Kaffeebohnen die Bitterstoffe. Nach Abschluss des elefantösen Verdauungsvorgangs werden die Kaffeebohnen von Mitarbeitern der Elefantenkaffeeproduktionsstätte aus dem Dung der Tiere geklaubt, gereinigt und in der Sonne getrocknet. Erst dann geht es in die Kaffeerösterei. Bekennende Elefantenkaffeetrinker attestieren dem Getränk ein extrem sanftes Aroma und einen Geschmack nach Früchten, Schokolade, Karamell und Malz.

Wer einmal eine Tasse Black Ivory probieren will, kann das im Augenblick in vier Luxushotels auf den Malediven und einem im Norden von Thailand für den stolzen Preis von 34 Euro tun. Dieser doch ziemlich opulente Preis erklärt sich mit den extrem hohen Herstellungskosten, denn Input ist hier nicht gleich Output. Um ein Kilo

Black Ivory herzustellen, müssen rund 30 Kilogramm normale Kaffeebohnen an einen Elefanten verfüttert werden. Oft geht eine ganze Ladung Kaffeebohnen verloren, einfach weil der vorher so sorgfältig mit Kaffeebohnen gefütterte Elefant sein Geschäft beim Bad in einem Fluss verrichtet. Zudem ist die Herstellung von Black Ivory ziemlich arbeitsintensiv. Schließlich müssen die halb verdauten Bohnen per Hand aus dem Elefantendung gelesen werden. Im Augenblick produziert die Firma rund 300 Kilogramm Black Ivory pro Jahr.

Aber nicht nur der teuerste Kaffee, sondern auch der teuerste Tee der Welt wird mithilfe des Verdauungssystems eines Tieres hergestellt: „Panda-Tee". Eine Teesorte, die exklusiv mit dem Kot eines der beliebtesten, aber auch seltensten Tiere der Welt gedüngt wird, mit dem Kot des Großen Pandas. Nach Meinung des „Erfinders" des Panda-Tees, eines ehemaligen chinesischen Kalligrafielehrers, sollen die Exkremente der schwarz-weißen Bären, was die Inhaltsstoffe angeht, jedem herkömmlichen Dünger weit überlegen sein. Der Grund ist, dass Pandas von ihrem Hauptnahrungsmittel Bambus nur ein knappes Drittel verwerten und die restlichen gut zwei Drittel wieder ausscheiden. Panda-Tee zu konsumieren, ist kein ganz billiges Vergnügen. Wer einmal ein Tässchen des skurrilen Gebräus probieren will, muss schon 200 US-Dollar auf den Tisch des Hauses legen.

Eine Fliege gegen den Welthunger

Unsere Weltbevölkerung wächst in einem überaus rasanten Tempo: Die Experten gehen davon aus, dass im Jahr 2050 rund 9,6 Milliarden Menschen unseren Globus besiedeln werden. 2015 waren es noch 7,2 Milliarden. Und diese vielen Menschen wollen ernährt werden. Schließlich haben schon heute, nach Schätzung der FAO, der Ernährungsbehörde der Vereinten Nationen, weltweit etwa 800 Millionen Menschen nicht genug zu essen. Tendenz steigend. Vor allem befürchten Experten, dass es der Menschheit bald an tierischem Eiweiß mangeln wird. Nutztiere wie Rinder, Schweine und Hühner brauchen, um zu wachsen, große Mengen an Eiweiß. Bisher wurde in der Tiermast Fischmehl als Proteinquelle eingesetzt. Doch die Ozeane sind mittlerweile in vielen Teilen leergefischt bzw. überfischt. Fast 100 Millionen Tonnen Fisch werden heute Jahr für Jahr aus den Ozeanen gefischt. 1950 waren es noch 20 Tonnen. Jetzt könnte eine kleine schwarze Fliege, die vor allem in Mittel- und Südeuropa zu Hause ist, möglicherweise zur Lösung aller Probleme werden – die Soldatenfliege. Ein kleines Insekt, etwas größer als eine Stubenfliege, das trotz seines etwas bedrohlich klingenden Namens für uns Menschen völlig ungefährlich ist: Soldatenfliegen stechen und beißen nicht und sie übertragen auch keine hässlichen Krankheiten.

Ihren martialischen Namen bekam die Soldatenfliege im Amerikanischen Bürgerkrieg aus einem ganz anderen, durchaus unappetitlichen Grund verliehen. In diesem Krieg wurden die Larven der Fliege vor allem in den Leichen der Gefallenen gefunden, wo sie mit großem Appetit das schon etwas verweste Fleisch der Toten fraßen. Aber genau diese Tatsache, dass die Larven der Soldatenfliege sich bevorzugt von tierischen, aber auch pflanzlichen Substanzen und Abfällen ernähren, macht sie für die Tierfuttermittelherstellung interessant: Die Maden der Soldatenfliegen können als äußerst protein- und fettreiches, aber vor allem auch sehr preiswertes Futter in der Tiermast eingesetzt werden. Und dafür gibt es gleich mehrere Gründe: Soldatenfliegen produzieren im Laufe des Jahres eine riesige Nachkommenzahl. Ein einziges Eipaket enthält bis zu 1200 Eier. Dazu kommt noch eine relativ kurze Generationsdauer: Pro Jahr können die kleinen Insekten bis zu 10 Generationen ausbilden. Zudem sind Soldatenfliegen extrem leicht und vor allem preiswert zu züchten. Man kann die Larven mit organischem Abfall, wie etwa altem Brot, überreifem Obst oder schon etwas angegammeltem Gemüse, und besonders auch dem Mist, der im Stall anfällt, füttern. Die Larven sind dabei überaus tüchtige Futterverwerter. Immerhin fressen die Tiere Tag für Tag das Doppelte ihres eigenen Körpergewichts. Und das wiederum bedeutet, dass man mit der Hilfe von Soldatenfliegen aus Müll hochwertige Biomasse herstellen kann. Biomasse, die mit einem Gehalt von 42 Prozent Eiweiß und 35 Prozent Fett ganz hervorragend als Nahrung für Nutztiere, wie Hühner, Fische oder Schweine, eingesetzt werden kann.

Soldatenfliegen haben noch einen weiteren Vorzug: Als sogenannte Kaltblütler verwerten die kleinen Insekten die Abfälle äußerst effizient: Während Warmblütler wie Rinder oder Ziegen rund 10 Kilogramm Futter benötigen, um 1 Kilogramm Körpermasse zuzulegen, braucht es lediglich 2 Kilogramm Futter, um 1 Kilogramm Soldatenfliegen zu produzieren. Außerdem ist die Haltung von Fliegen wesentlich umweltfreundlicher als die von Rindern oder Schafen, da sie deutlich weniger, für die Ozonschicht so schädliche, Treibhausgase emittieren.

Mittlerweile haben gleich mehrere Firmen, in verschiedenen Ländern, damit begonnen, in großem Stil Soldatenfliegen zu züchten, um mit den Larven der Insekten später Nutztiere, wie Rinder, aber auch Fische, zu füttern. Die im Augenblick größte Larvenfabrik der Welt, eine Firma namens AgriProtein, befindet sich in Südafrika, genauer gesagt in Stellenbosch, einem Städtchen in der Nähe von Kapstadt. Dort werden immerhin 200 Kilogramm Larvenmehl pro Tag produziert, das dann als Hühnerfutter verkauft wird.

Aber AgriProtein geht sogar einen unkonventionellen Schritt weiter: Die Larvenfirma wandelt sogar menschlichen Kot in Tierfutter um. Dazu wurden in den Townships am Rand von Kapstadt Toiletten aufgestellt. Der dort angesammelte menschliche Kot wird wöchentlich von Mitarbeitern abgeholt, in der Fabrik mit Lebensmittelresten vermischt und an die Larven verfüttert. Das Geschäft von AgriProtein läuft so gut, dass die Firma jährlich 25 weitere Fliegenfarmen errichten will, einige davon auch in Europa.

Ob die Larven der Soldatenfliege irgendwann auch als Proteinquelle für Menschen dienen werden, ist zweifelhaft. Soldatenfliegenlarven sind weich und erinnern daher in ihrer Konsistenz nicht an Fleischprodukte, sondern eher an fette Öle. Der Geschmack der Larven ist dagegen durchaus akzeptabel. Nach Aussage einer österreichischen Expertin schmecken die gekochten Larven leicht nach Kartoffeln.

Die Laus im Lippenstift

Wenn es früher darum ging, hochwertigen Stoffen einen herrlichen, farbintensiven Rotton zu verleihen, dann setzte die gesamte Antike, sprich Ägypter, Griechen und Römer, auf eine winzige Schildlaus. Genauer gesagt, auf die gerade mal 2 Millimeter große Kermeslaus. Dabei ist hier wichtig festzuhalten: Im Tierreich ist Laus nicht gleich Laus. Schildläuse gehören zwar wie die berüchtigten Kopf- und Kleiderläuse zu den Insekten, ernähren sich jedoch nicht wie diese von menschlichem Blut, sondern sind harmlose Veganer, die ihren Hunger mit den zuckerhaltigen Säften von Pflanzen aller Art stillen.

Weltweit gibt es rund 3000 Schildlausarten, davon leben etwa 90 in Mitteleuropa. Die Körperlänge der Tiere ist dabei ziemlich variabel: Die kleinsten Arten sind zwischen 0,8 und 6 Millimeter groß, die größte Art kann fast 4 Zentimeter lang werden. Die Kermeslaus lebt im Mittelmeerraum. Dort parasitiert sie auf den sogenannten Kermeseichen.

Allerdings war die Gewinnung des antiken Färbemittels ziemlich mühselig. Schließlich mussten zunächst die Kermeseichen nach den Schildläusen abgesucht werden – eine äußerst zeitintensive Kleinarbeit. So benötigt man 1 Kilogramm Schildläuse, um später gerade mal 50 Gramm Farbstoff zu erhalten. Das sind über 150 000 Tiere. Zur Gewinnung des Farbstoffs wurden die Läuse zuerst getrocknet und dann in Wasser unter Zusatz von etwas Schwefelsäure ausgekocht.

Mitte des 16. Jahrhunderts führten dann die Spanier, nach der Eroberung des Aztekenreiches, aus Mexiko die auf Feigenkakteen lebende Cochenillelaus ein. Eine Laus, die dank ihres höheren Farbstoffgehaltes bald die heimische Kermeslaus verdrängte. Kurz darauf entstanden auf den Kanareninseln Fuerteventura und Lanzarote riesige „Lausfarmen" mit einem gewaltigen Output an Cochenille. Allein im Jahr 1870 exportierten die Kanarischen Inseln unglaubliche 3000 Tonnen Cochenille-Farbstoff. Cochenille wurde aber bei Weitem nicht nur zum Färben von Kleidungsstoffen verwendet. Auch die berühmtesten Maler ihrer Zeit, allen voran Tintoretto, Rubens und Velázquez, verwendeten den selbst heute noch oxidationsbeständigsten und damit auch stabilsten aller natürlichen Farbstoffe auf ihren Gemälden.

Als jedoch zu Beginn des 20. Jahrhunderts preiswertere synthetische Farbstoffe entwickelt wurden, verlor Cochenille als Farbstoff rapide an Bedeutung.

Allerdings lehnen heute einige Verbraucher synthetische Farbstoffe kategorisch ab. Deshalb enthalten immer noch natürlich gefärbte Lebensmittel, wie zum Beispiel Glasuren, Tortenfüllungen, Marmeladen und Fruchtsäfte, aber auch Kosmetikprodukte, wie etwa einige Lippenstifte, zermahlene Läuse als sogenannten Lebensmittelfarbstoff E 120. Eine Tatsache, die den biologisch vorgebildeten Kavalier vor Probleme stellt. Denn wer eine gut geschminkte Dame küssen möchte und dabei absolut sichergehen will, dass seine Lippen nicht etwa mit getrocknetem (Schild-)Läuseblut in Berührung kommen, muss wohl oder übel vor dem Kuss die genaue Kennzeichnung des Lippenstiftes der Dame seines Herzens in Erfahrung bringen. E 120 (Schildlaus) oder E 124 (synthetisch) – das ist hier die Frage. E 120 ist übrigens der einzige Lebensmittelfarbstoff tierischer Herkunft. Die Verwendung des roten „Läusefarbstoffs" ist allerdings nicht ganz unbedenklich. Einige wenige Menschen reagieren mit einer allergischen Reaktion auf Cochenille, bis hin zu Nesselsucht oder sogar einem anaphylaktischen Schock. Und natürlich ist Cochenille ein absolutes „No-Go" für Veganer. Schließlich wird der Farbstoff aus Tieren gewonnen. Aber auch strenggläubige Moslems müssen auf cochenillehaltige Lebensmittel verzichten und das gleich aus zwei Gründen: Zum einen enthält Cochenille Blut, zum anderen aber auch Insektenteile. Damit ist der Farbstoff nach muslimischem Glauben „haram", sprich streng verboten.

Auf den Kanarischen Inseln werden heute nur noch 20 Tonnen Cochenille pro Jahr produziert. Hauptproduzent ist heute Peru mit rund 200 Tonnen Farbstoff jährlich. Im Augenblick liegt der Marktpreis für 1 Kilogramm abhängig von der Qualität zwischen 50 und 80 US-Dollar.

Aber Schildläuse, wenn auch eine andere Art, haben noch deutlich mehr zu bieten, als für knallrote Lippen zu sorgen. Wenn man es genau nimmt, waren früher die wichtigsten Mitarbeiter der Schallplattenindustrie gerade mal 2 Millimeter groß, ausschließlich weiblich und vor allem in Süd- und Südostasien, speziell in Indien und Thailand, zu Hause: Für die Herstellung von Schellack, dem wichtigsten Bestandteil der sogenannten Schellack-Schallplatten, wurden Anfang bis Mitte des 20. Jahrhunderts die harzähnlichen Ausscheidungen weiblicher Lackschildläuse dringend benötigt.

Die Schildlausweibchen, die als Parasiten in regelrechten Kolonien auf Bäumen leben, zapfen mit ihrem Saugrüssel die Rinde junger Zweige an und nehmen dabei erhebliche Mengen Baumsäfte auf. Die harzhaltigen Substanzen dieser Baumsäfte scheiden die Tiere dann später zum Schutz ihrer Brut aus und überziehen dabei auch die Äste und Zweige der Bäume, auf denen sie leben, mit einer festen Harzkruste. Und genau diese, vom Harz regelrecht verkrusteten Zweige, werden dann von den Schellack-Bauern abgeschnitten und gesammelt. Anschließend wird das Harz sorgfältig vom Holz getrennt und der Rohstoff gemahlen, gereinigt und in der Sonne getrocknet. Die Schellack-Schallplatten, die von dem deutschen Unternehmer Emil Berliner „erfunden" worden waren, lösten die ursprünglich verwendeten Zinkblech- bzw. Hartgummischallplatten aufgrund ihrer deutlich besseren Haltbarkeit und Tonqualität ab. Schellack-Schallplatten wurden bis in die 1960er-Jahre hergestellt, bevor sie dann durch die Vinylschallplatten ersetzt wurden. Die sorgten nicht nur für eine deutliche Steigerung in der Tonqualität, sondern waren auch deutlich preiswerter in der Herstellung. Schellack sorgte früher jedoch nicht nur für einen guten Ton, sondern war auch ein wichtiges Produkt in der Haarpflege: Das Harz aus dem Schildlaushintern verlieh als wichtiger Bestandteil von Haarspray dem Haar der Damen nicht nur den benötigten Halt, sondern auch einen ganz speziellen Glanz. Übrigens: Zur Erzeugung eines einzigen Kilogramms Schellack benötigt man die Ausscheidungen von rund 300 000 Schildläusen.

Wer allerdings glaubt, Schellack sei ein Produkt der Vergangenheit, liegt kräftig daneben. Allein in Indien sind auch heute noch rund 3 Millionen Menschen mit der Gewinnung von Schellack beschäftigt. Stolze 18 000 Tonnen Schellack werden dort Jahr für Jahr produziert und unterschiedliche Industriezweige profitieren von Schellack als physiologisch und ökologisch unbedenkliche, multifunktionelle Alternative zu synthetischen Harzen. So wird Schellack heute vor allem in der Möbelpflege und im Musikinstrumentenbau, aber auch in der Lebensmittelindustrie als Überzugsmittel mit der Kennzeichnung E 904 für bestimmte Obstsorten verwendet, um sie vor dem Austrocknen zu schützen. Die Aufnahme des Farbstoffs gilt für den menschlichen Organismus als unbedenklich. Ein Grenzwert wurde deshalb nicht festgelegt. In der Pharmaindustrie dagegen findet Schellack bei der Herstellung von magensaftresistenten Schutzschichten für Tabletten Verwendung.

Die Farbe der Cäsaren

Folgt man einer antiken Legende, dann verdanken wir die Entdeckung des teuersten Farbstoffs der Welt dem Zufall: Es soll einst der Hund des phönizischen Halbgottes Melkart gewesen sein, der am Mittelmeerstrand eine besondere Schnecke gefressen und davon eine rötlich gefärbte Schnauze bekommen hat. Als Melkart die Farbe mit einem Tuch abwischen wollte, nahm der Stoff, zumindest der Sage nach, sofort eine herrlich leuchtende purpurne Färbung an. Als Halbgott mit einem zumindest halbwegs göttlichen Verstand ausgestattet erkannte Melkart sofort das Potenzial seines Fundes: Er färbte ein Kleid mit dem geheimnisvollen Saft der Schnecken und machte es seiner Geliebten, der Nymphe Tyros, zum Geschenk: Und schon war das erste Purpurgewand der Geschichte, wenn auch nicht der Geschichte der Menschheit, erschaffen – soweit die Legende.

Heute weiß man, dass es die im Mittelmeer lebenden Purpurschnecken sind, die aus der sogenannten Hypobranchialdrüse – in der Decke der Atemhöhle der Tiere – einen gelblichen Schleim absondern, der eine Vorstufe des purpurnen Farbstoffs 6,6-Dibromindigo enthält. Eines Farbstoffs, der erst unter Lichteinwirkung seine purpurne Pracht entfaltet.

Diese Tatsache ist seit Langem bekannt. So schildert bereits der römische Geschichtsschreiber Plinius in seiner naturwissenschaftlichen Enzyklopädie „Naturalis historia" ganz detailliert, wie man den Farbstoff Purpur in der Antike hergestellt hat: Zunächst einmal wurden die Purpurschnecken zerstampft und danach für mehrere Tage in Salz eingelegt. Anschließend wurden die Tiere solange in Urin eingekocht, bis nur noch ein Sechszehntel der ursprünglichen Masse vorhanden war. Dann mussten lediglich die an der Oberfläche treibenden Fleischreste entfernt werden und schon konnte der zu färbende Stoff in den Sud eingetaucht werden. Von essenzieller Bedeutung war jedoch, dass der derartig behandelte Stoff beim Trocknen dem Sonnenlicht ausgesetzt war, weil nur auf diese Weise der Farbstoff mittels Enzymreaktion von der schwachgelblichen Ursprungsfarbe ins gewünschte Purpurrot umschlug.

Allerdings war die Purpurgewinnung ein mühsames und auch äußerst aufwendiges Geschäft, denn für die Produktion eines einzigen Gramms der begehrten Substanz müssen immerhin rund 10 000 Schnecken ihr Leben lassen.

Ob es wirklich die Phönizier waren, die die Textilfärbung mittels Meeresschnecken „erfunden" haben, ist, historisch gesehen, nicht mit letzter Sicherheit geklärt. Unumstritten ist jedoch die Tatsache, dass dieses Volk in der Antike für seine umfangreiche Purpurherstellung so berühmt war, dass der Farbstoff seinen Bewohnern sogar ihren Namen einbrachte: Phoinikes – „die Leute aus Purpurland".

Auch bei den alten Römern war Purpur als Farbstoff für die Togen der oberen Zehntausend überaus beliebt. Allerdings gab es in Sachen Purpur eine strikte Kleiderordnung: Nur der Kaiser durfte ein komplett mit Purpur gefärbtes Obergewand tragen, Ritter und Senatoren mussten sich dagegen mit einem je nach Rang mehr oder minder breiten purpurnen Streifen an ihrer Toga begnügen. Aufgrund des gewaltigen Gewinns, der sich mit dem teuren und exklusiven Farbstoff erzielen ließ, stand im antiken Rom die Herstellung von Purpur durch die Gilde der Purpurfärber, der sogenannten „Purpurarii", unter staatlicher Kontrolle. Allerdings behielten die Cäsaren oft einen hübschen Anteil der exorbitanten Gewinne für sich selbst ein.

Mit dem Zerfall des römischen Reichs ging auch die Blütezeit des Purpurs zu Ende. Lediglich im oströmischen Byzanz, dem späteren

Konstantinopel, überlebten noch einige wenige Produktionsstätten des einstmals so begehrten Farbstoffs.

1468 wurde dann von Papst Paul II. der „kardinalsrote" Purpurmantel für Kardinäle offiziell eingeführt, um die Mitglieder des Heiligen Kollegiums von anderen Prälaten zu unterscheiden. Es gilt heute jedoch als wahrscheinlich, dass die Gewänder der Kardinäle in den meisten Fällen nicht mehr mit dem teuren „Schnecken-Purpur", sondern mit aus Schildläusen gewonnenem Farbstoff gefärbt wurden (siehe Seite 80).

Heute gibt es für echten Purpur so gut wie keine Verwendung mehr. Der exklusive Farbstoff wird höchstens noch zur Restaurierung alter, mit Purpur gefärbter Stoffe verwandt – und das kann richtig ins Geld gehen. Schließlich muss man in Deutschland zurzeit für ein einziges Gramm echten Purpurs rund 2500 Euro auf die Ladentheke blättern.

Die goldene Spinnerin
der Meere

Es gibt kaum ein anderes Textil, um das sich so viele Mythen und Legenden ranken, wie um die geheimnisvolle Muschelseide. Aus reinem Gold soll die „Seide aus dem Meer" gewesen sein, aber doch federleicht und obendrein noch feuerfest. Und welche sagenhaften Kleidungsstücke sollen nicht alle aus dem sagenumwobenen Material hergestellt worden sein: das Goldene Vlies der Argonauten, der Mantel König Salomons sowie der Waffenrock des Gralsritters Parzival. Auch der erste Science-Fiction-Autor der Welt, Jules Vernes, ließ in seinem berühmten Roman „20 000 Meilen unter dem Meer" den berüchtigten Kapitän Nemo die gesamte Crew seiner Nautilus exklusiv in Muschelseide kleiden. Seide, die vom Grund des Meeres stammt, ist aber keineswegs ein Produkt der Fantasie eines etwas überdrehten Science-Fiction-Autors. Muschelseide kleidete einst tatsächlich Könige, Päpste und Kurtisanen. Muschelseide gibt oder, besser gesagt, gab es wirklich.

Bei der Muschelseide gilt „nomen est omen". Produziert wird das kostbare Textil von der Großen Steckmuschel – mit bis zu 1 Meter Länge die größte Muschel des Mittelmeeres. Die Fähigkeit der Großen Steckmuschel, „Seide" zu produzieren, ist schon seit Tausenden von Jahren bekannt. Bereits der griechische Philosoph Aristoteles hat die Große Steckmuschel als die „seidentragende Muschel" bezeichnet. Später war sie dann auch unter dem Namen „Spinnerin aus der See" oder „Seeseidenraupe" bekannt. In Sardinien trägt sie dagegen heute noch den schönen Namen „Königin der Meere".

Die Große Steckmuschel lebt in sandigen oder von Pflanzen bewachsenen Flachzonen zwischen 2 und 30 Metern Tiefe. Dort steckt die, von der Form her an einen schmalen zugespitzten Schinken erinnernde Muschel aufrecht mit der Spitze im Sediment. Fest im Boden verankert ist die große Muschel mithilfe sogenannter Byssusfäden, die bis zu 20 Zentimeter lang werden können. Und genau diese Byssusfäden sind der Rohstoff, aus dem Muschelseide gewonnen wird. Bei Byssus handelt es sich um ein überaus erstaunliches tierisches Material. Das zähflüssige Eiweißsekret, das in der Byssusdrüse, an der Basis des Fußes der Steckmuschel liegend, produziert wird, härtet sehr schnell aus, sobald es aus dieser Drüse austritt und in Kontakt mit Wasser kommt. So entsteht letztendlich ein hornartiger Faden, an dessen Ende sich kleine Haftplättchen befinden, mit denen sich die Muschel an Sandkörnern, Steinen und Felsen anheften kann. Die Byssusfäden, feiner als der feinste Seidenfaden, sind jedoch überaus zäh und widerstandsfähig sowie äußerst reißfest. Die Farbe variiert von olivgrün, braun, schwarz bis hin zum begehrten schimmernden Goldton.

Zur erfolgreichen Herstellung von Meerseide müssen zunächst die Muscheln samt Verankerung von Tauchern mithilfe von Zangen oder Schlingen aus dem schlammigen Meeresboden gezogen werden. Ein äußerst aufwendiger Prozess, der den Tauchern große körperliche Anstrengungen abverlangt. An Land werden die Byssusfäden dann von der Muschelschale getrennt, in Wasser gespült und in Lauge eingeweicht. Was dann folgt, ist mühsame Handarbeit, denn die Fäden müssen ausgiebig mit den Fingern weich gerieben und mit einem stählernen Kamm glatt gebürstet werden, bevor sie mit feinen Spindeln zu einem goldglänzenden, extrem feinen und seidenweichen Garn verarbeitet werden können.

Die Anfänge der Kleiderproduktion aus Muschelseide sind unbekannt. Allerdings gibt es gesicherte Hinweise, dass bereits die Pharaonen Kleidungsstücke trugen, die aus Muschelseide gefertigt waren. Im alten Rom löste Muschelseide, aufgrund des deutlich geringeren

Gewichts, bald Stoffe ab, die aus echten Goldfäden gewoben waren. Der Muschelseide wurden geradezu sensationelle Eigenschaften nachgesagt: Wunderbar weich und geschmeidig sollen Kleidungsstücke aus Muschelseide gewesen sein und ganz ähnlich wie moderne Hightechtextilien sollen sie ausgezeichnet gegen Hitze, Kälte und Feuchtigkeit geschützt haben. Im Mittelalter waren Gewänder aus Muschelseide derart hochpreisig, dass sich nur der Hochadel und der hohe Klerus diese Luxusartikel leisten konnten. Im 18. und 19. Jahrhundert kam es dann zu einem regelrechten Byssusboom, sodass die Muschelseideproduktionsstätten, die sich vor allem in Sardinien und Apulien befanden, kaum mit der Seidenproduktion nachkamen. Kein Wunder, wenn man bedenkt, dass rund 4000 Muscheln getötet werden mussten, um ein einziges Kilogramm Muschelseide herzustellen.

Zeitgenössische Berichte zeigen, dass es in früheren Zeiten vor allem Mützen, Handschuhe und Mantelkrägen waren, die aus Muschelseide hergestellt wurden. Reiche Römer kleideten sich sogar in Togen aus Muschelseide. Aber Muschelseide erfüllte in der Antike noch einen ganz anderen Zweck. So berichtet beispielsweise der byzantinische Dichter Manuel Philes detailliert, wie reiche Römerinnen ihr Haar mit Muschelseide aufgepeppt haben: „Flicht sich ein Mädchen diese Fäden in das blonde Haar, so übt sie einen unwiderstehlichen Zauber auf die Männer aus."

Allerdings sind heute nur noch ganz wenige Stoffstücke aus Muschelseide erhalten geblieben. So kann man in der zoologischen Sammlung an der Universität Rostock noch ein Paar Handschuhe aus Muschelseide besichtigen.

Das bekannteste Erzeugnis aus Muschelseide ist jedoch der berühmte „Schleier von Manopello". Ein hauchdünnes Tuch, auf dem, nach Ansicht vieler Theologen, das Gesicht Jesu Christi zu sehen ist und das zusammen mit dem „Turiner Grabtuch" zu den kostbarsten Reliquien der Christenheit gehört. Allerdings gibt das berühmte Tuch auch der modernen Wissenschaft immer noch Rätsel auf. So gilt Muschelseide beispielsweise als nicht bemalbar und dennoch konnten bei mikroskopischen Untersuchungen in den Jahren 2003 und 2007 Farbpigmente auf beiden Seiten des Tuchs nachgewiesen werden. Das Tuch selbst ist so fein, dass, obwohl man eine Zeitung dahinter lesen kann, das Gesicht Jesu von beiden Seiten des Tuchs erkennbar ist. Im Gegenlicht wird der Schleier beinahe so transparent wie klares Glas. Höchstwahrscheinlich werden sich noch Generationen von Forschern mit den Rätseln und Geheimnissen des Schleiers beschäftigen.

Aber auch heute noch erfüllt die Große Steckmuschel für uns Menschen eine wichtige Aufgabe. Die einstige Lieferantin kostbarster Seide ist mittlerweile zu einem wichtigen Instrumentarium in der Klimaforschung mutiert: Anhand der Schale der großen Muschel lässt sich genau ablesen, welche Wassertemperatur vor Ort in den letzten Jahren geherrscht hat. Die Jahresringe der Schale der Steckmuschel weisen umso mehr Sauerstoffisotope auf, je höher die Temperatur des Wassers ist. Will heißen, mithilfe von Messungen an der Muschelschale kann man sehr exakt etwaige Schwankungen in der Wassertemperatur feststellen. Und da eine Steckmuschel bis zu 40 Jahre alt wird, kann man rückwirkend, wie in einem Buch, die Wassertemperaturen der letzten Jahrzehnte ablesen.

Das goldene Cape

Kleidungsstücke, die aus seltenen tierischen Materialien angefertigt wurden, können richtig teuer sein. Ein paar Beispiele gefällig? Für einen Pullover aus der Wolle eines südamerikanischen Vikunjas muss man bis zu 5000 Dollar auf den Tisch legen. Das teuerste T-Shirt der Welt, gefertigt aus Krokodilleder, kostet rund 90 000 Euro und für einen Pelzmantel aus reinem Zobel muss man sogar 250 000 Euro berappen. Aber es geht noch exklusiver! Wie wäre es denn mit einem goldenen Cape, hergestellt aus den Spinnfäden der Madagaskar-Seidenspinne? Eines von lediglich zwei Kleidungsstücken aus echten Spinnenfäden, die weltweit existieren.

Die Madagaskar-Seidenspinne gehört zu den größten Spinnen der Welt. Die Weibchen sind, Beine eingeschlossen, etwa so groß wie eine menschliche Hand. Die Männchen sind deutlich kleiner. Aber nicht nur die Spinnen selbst sind riesig, sondern auch ihre Netze, die einen Durchmesser von bis zu 2 Metern erreichen können und meist mithilfe von Stützfäden zwischen zwei Bäumen aufgespannt werden. Auf die riesigen Netze weist auch schon der wissenschaftliche Name der Madagaskar-Seidenspinne hin: „Nephila" kommt aus dem Altgriechischen und bedeutet so viel wie, „die es liebt zu spinnen". Aber nicht nur das Netz der Madagaskar-Seidenspinne, sondern auch die Spinnfäden der gigantischen Spinne können sich sehen lassen. Sie gehören zu den stärksten und belastbarsten Spinnfäden überhaupt und sind 4-mal belastbarer als Stahl, gleichzeitig aber dehnbarer als Nylon. Dazu sind sie bis 250 Grad Celsius hitzestabil, sind wasserfest, haben antibakterielle Eigenschaften und sind sogar last, but not least biologisch abbaubar – ein echtes Hightechmaterial also.

Hergestellt wurde das Cape vom englischen Künstler Simon Peers und dem amerikanischen Modedesigner Nicholas Godley, die beide auf Madagaskar leben. Zuvor hatten die beiden Designer, sozusagen als Probelauf, 2004 einen Schal aus Spinnenseide hergestellt.

Madagaskar-Seidenspinnen sind auf Madagaskar keineswegs selten. Gerade im madagassischen Hochland findet man oft Hunderte ihrer Netze auf engstem Raum. Eine Tatsache, die der Cape-Herstellung durchaus entgegenkam.

Für die Herstellung des insgesamt 4 mal 2 Meter großen Capes wurden über einen Zeitraum von 5 Jahren, jeweils in den frühen Morgenstunden, weit mehr als eine Million Madagaskar-Seidenspinnen gefangen und anschließend mit speziell konstruierten „Spinnfäden-Melkmaschinen" gemolken. Dazu wurden die Spinnen auf einem Brett fixiert und der Spinnfaden (rund 30 bis 40 Meter) auf eine Handspindel aufgerollt. Ein Vorgang, der etwa 20 Minuten in Anspruch nimmt. Man benötigt die Spinnfäden von rund 1000 Spinnen, um ein einziges Gramm Seide zu produzieren.

Nach dem Melkvorgang wurden die Spinnen wieder freigelassen, sodass sie nach einigen Tagen, nachdem sie den Inhalt ihrer Spinndrüsen wieder regeneriert hatten, erneut gemolken werden konnten – sprich, ein nachhaltiger Prozess. Da Madagaskar-Seidenspinnen nur während der Regenzeit, zwischen Oktober und Juni, Netze bauen, konnten allerdings nur in diesem Zeitraum Spinnen eingesammelt werden. Die gewonnenen Spinnfäden wurden dann in speziellen Webstühlen zu Textilstücken verwoben. Die Herstellung des Capes dauerte 5 lange Jahre und kostete fast 350 000 Euro. Der heutige Wert beträgt ein Vielfaches.

Das Cape wurde übrigens nicht eingefärbt. Die goldene Farbe der Spinnfäden ist natürlichen Ursprungs, weshalb die Madagaskar-Seidenspinne im Englischen auch den schönen Namen „Golden orb weaver spider" (dt.: die Spinne, die goldene Netze webt) trägt.

Das „Goldene Cape" wurde bisher erst 4-mal für die Öffentlichkeit zugänglich gemacht. Zuerst 2009 im American Museum of Natural History in New York, dann 2011 in der African Gallery des Art Institute of Chicago und 2012 im Victoria and Albert Museum in London. Zuletzt wurde das Cape, in das übrigens als Muster nicht nur Blüten und Ranken, sondern auch kleine Spinnen eingewoben sind, im Juni 2018 im Royal Ontario Museum in Toronto, im Rahmen der Ausstellung „Spiders: Fear & Fascination", ausgestellt.

Wir Menschen brauchen uns trotz ihrer Größe vor Madagaskar-Seidenspinnen nicht zu fürchten. Die riesigen Spinnen injizieren ihren Opfern zwar wie die meisten anderen Spinnen auch ein Nervengift, um ihre Beute bewegungsunfähig zu machen. Für uns ist dieses Nervengift aber völlig harmlos. Dazu gelten Madagaskar-Seidenspinnen als wenig aggressiv, ja geradezu friedfertig.

Möglicherweise wird es in mittlerer Zukunft mehr Kleidungsstücke aus den Spinnfäden der Madagaskar-Seidenspinne geben. Allerdings werden dann nicht die großen Spinnen selbst bei der Herstellung dieser Textilen mitwirken, sondern Bakterien. Mittlerweile ist es der Wissenschaft gelungen, künstliche Spinnseide mithilfe von gentechnisch veränderten Kolibakterien herzustellen. Ein Prototyp-Parka, hergestellt aus künstlich erzeugter Spinnenseide, existiert bereits.

Papier, Eis, Parfüm – entscheidend ist, was hinten rauskommt

Es ist ein alter Traum der Menschheit: Aus Scheiße Gold herstellen. Gelungen ist das noch nicht. Allerdings ist diese Idee auch nicht ganz abwegig, denn mit tierischen Exkrementen lässt sich reichlich Geld verdienen. Ein altbekannter Klassiker in Sachen „Kot zu Geld zu machen" ist die Tatsache, dass man die „Stoffwechselendprodukte" vieler Tiere, wie etwa Kühen, als sogenannte Gülle verkaufen kann. Kann man doch mit Gülle ganz ausgezeichnet die Felder düngen und so einen höheren Ertrag erwirtschaften. Aber auch als äußerst preisgünstiges Heizmaterial ist gerade der Kot von einigen großen tierischen Pflanzenfressern, wie Elefanten, sehr begehrt. So nutzt zum Beispiel der Kölner Zoo den getrockneten Kot seiner Elefanten als kostenloses Brennmaterial und reduziert dadurch seine Heizkosten erheblich. Erstaunlicherweise hat Elefantendung, mit 4,5 Kilowattstunden pro Kilogramm, etwa den gleichen Brennwert wie Holz. Das außergewöhnliche Brennmaterial spart dem Zoo rund 100 000 Euro an Heizkosten und gleichzeitig wird auch noch etwas für die Umwelt getan: Der CO_2-Ausstoß wird um 13 Tonnen pro Jahr reduziert.

In Sachen Verwertung von elefantösen Stoffwechselendprodukten geht es aber noch ein ganzes Stück exotischer: Aus Elefantendung kann man auch Papier herstellen. Und das ist gar kein so komplizierter Prozess: Bei Elefanten handelt es sich bekanntermaßen um

Veganer, die sich vorwiegend von Gras und Blättern ernähren. Elefanten sind jedoch ausgesprochen schlechte Nahrungsverwerter und scheiden rund 50 Prozent der aufgenommenen Nahrung nahezu unverdaut wieder aus. Elefantendung besteht deshalb zum größten Teil aus Pflanzenfasern. Und genau das macht den Dickhäuterdung so geeignet für die Papierherstellung, die in mehreren Schritten erfolgt: Zunächst wird der Dung gewaschen, anschließend 5 Stunden gekocht und dann so lange geschreddert, bis nur noch ganz dünne Fasern vorhanden sind. Anschließend werden die Fasern gefärbt und dann im Wasser auf einem feinmaschigen Schöpfsieb verteilt. Jetzt muss man nur noch das Sieb in die Sonne stellen, bis das Papier trocken ist. Das fertige „Elefantendung-Papier" ist in Aussehen und Konsistenz von klassischem Büttenpapier kaum zu unterscheiden und riecht übrigens in keiner Weise nach Dung. Das hängt vor allem damit zusammen, dass beim Kochvorgang alle Bakterien abgetötet wurden.

Apropos „riechen": Man glaubt es kaum, aber aus Tierkot kann man sogar angenehme Düfte herstellen. Japanische Wissenschaftler haben vor einigen Jahren herausgefunden, dass man aus einem Kuhfladen relativ kostengünstig einen Vanillinextrakt herstellen kann. Dazu muss man den Kuhfladen lediglich etwa eine Stunde lang bestimmten Druckverhältnissen aussetzen. Der Extrakt duftet ähnlich wie eine Vanilleschote und kann als Duftstoff zum Beispiel Lebensmitteln beigemengt werden. Ob der aus Kuhfladen gewonnene Vanillegeschmack beim Verbraucher auf ungeteilte Begeisterung stoßen wird, erscheint zumindest fraglich. Immerhin hat vor einiger Zeit „Toscanini's Ice Cream", ein Eisgeschäft im amerikanischen Massachusetts, ein Eis mit aus Kuhfladen gewonnenem Vanillegeschmack auf den Markt gebracht. Eine Eissorte, die zu Ehren der Forscherin, die dieses „Vanille-aus-Kuhfladen-Verfahren" entwickelt hatte, Mayu Yamamoto, „Yum-A-Moto Vanilla Twist" genannt wurde. Für ihre Kuhfladen-Forschungen erhielt Yamamoto übrigens den „Ig-Nobelpreis" für Chemie, der von der renommierten Harvard University für besonders skurrile Forschungsarbeiten verliehen wird.

Vanille ist aber bei Weitem nicht der einzige kostbare Duft, den man aus Tierkot herstellen kann. Man kann daraus sogar Parfüm herstellen – allerdings nicht aus Kuhfladen, sondern aus den versteinerten Exkrementen von Klippschliefern, murmeltierähnlichen Tieren, die im südlichen Afrika zu Hause sind. Dieser oft jahrhundertealte, steinharte Klippschlieferkot, das sogenannte Hyraceum, wird von Kindern aufgesammelt, anschließend pulverisiert und in reinem Alkohol aufgelöst. Klippschliefer haben übrigens gemeinsame Kot- und Urinplätze – so eine Art „Klippschlieferklos" –, meist kleine Höhlen oder Bergabsätze. Und da diese „Klippschliefertoiletten" meist von der gesamten Klippschlieferkolonie jahrelang genutzt werden, sammelt sich dort einiges an Exkrementen an, das dann relativ leicht „abgeerntet" werden kann. Wenn man den Experten trauen darf, riecht Hyraceum sinnlich-animalisch und erinnert ein bisschen an Moschus.

Muscheln und Federn

Wenn wir heute ein neues Fernsehgerät mit Flatscreen erwerben wollen, haben wir verschiedene Möglichkeiten, unsere Rechnung zu begleichen: Bargeld, Scheckkarte, Kreditkarte oder wir überweisen den fälligen Betrag einfach online. Andere Länder, andere Sitten – in vielen Teilen der Welt werden Rechnungen auch heute noch mit einer Währung der besonderen Art beglichen: Primitivgeld, das aus tierischen Produkten hergestellt wird, aus Muscheln, Schnecken oder Fledermauszähnen.

So war Muschelgeld, besonders die sogenannte „Kauri-Muschel" in der Vergangenheit bei vielen Völkern besonders im indopazifischen Raum, aber auch in Teilen Afrikas und Amerikas ein beliebtes Zahlungsmittel. Allerdings ist die Bezeichnung „Muschelgeld" zoologisch gesehen nicht korrekt, denn bei *Cypraea moneta*, wie sie vom schwedischen Naturforscher Carl von Linné so treffend genannt wurde, handelt es sich eindeutig um eine Schnecke. Was auch heute noch gerne umgangssprachlich als Muschelgeld bezeichnet wird, ist in Wirklichkeit Schneckengeld.

Der Wert des Schneckengeldes war meist an den Ort des Handels gebunden. Als Faustregel galt: Je weiter die Entfernung zum Meer betrug, desto höher wurde der Wert einer Kauri-Schnecke bemessen. Auch europäische Länder beteiligten sich im 19. Jahrhundert am Handel mit Kauris. Ganze Schiffsladungen wurden abgefischt und in Ländern des Geltungsbereichs der Kauri-Währung gegen Rohstoffe getauscht. Diese Maßnahme hatte regelrechte Inflationen in den betroffenen Gebieten zur Folge. So soll eine Ehefrau in Uganda 1810 lediglich 30, 1857 jedoch bereits 10 000 Kauris gekostet haben.

Eine ganz andere Währung wurde dagegen noch bis vor Kurzem auf dem Santa-Cruz-Archipel benutzt, einer abgelegenen Inselgruppe der Salomoninseln: Federgeld – Geld, das aus Vogelfedern hergestellt wurde. Gezahlt wurde nicht etwa mit einzelnen Federn, sondern mit ganzen Federspiralen, die aus einem aufgerollten bis zu 9 Meter langen Band aus zusammengeklebten Taubenfederteilen bestanden. Diese Bänder wiederum waren mit den feinen scharlachroten Brust- und Kopffedern des Kardinal-Honigfressers, eines 15 bis 20 Zentimeter großen tropischen Sperlingsvogels besetzt. Zu den Federn des Kardinal-Honigfressers griff man, weil sie, vor allem die Federn des Männchens, eine leuchtend rote Farbe besitzen. Und Rot ist nach polynesischem Glaube die Farbe der Götter. Das Ganze hatte also auch einen religiösen Aspekt. Die Federspiralen waren etwa tellergroß und bestanden aus rund 50 000 bis 60 000 roten Federn. Zur Herstellung einer einzigen Spirale wurden etwa 600 Vögel benötigt.

Federgeld wurde traditionell nur im südwestlichen Teil der Hauptinsel des Santa-Cruz-Archipels, einer Insel namens Ndende, hergestellt. Nur diese Insel hatte das Privileg, Federgeld anzufertigen. Die Herstellung selbst war eine äußerst komplizierte Angelegenheit, die in drei Herstellungsphasen abgelaufen ist. Herstellungsphasen, die jeweils von nur ganz wenigen Spezialisten beherrscht wurden, die wiederum dieses Handwerk von ihren Vätern gelernt hatten.

In der ersten Phase musste zunächst einmal ein Kardinal-Honigfresser – und das sind sehr scheue Vögel – gefangen werden. Dazu hat man Vogelleim aus dem Saft eines Maulbeerbaums hergestellt. Anschließend hat man durch diverse Tricks versucht, dass sich ein Kardinal-Honigfresser auf einem mit Leim präparierten Ast niederlässt. Das hat man entweder mit einem angebundenen lebenden Vogel, einem ausgestopften Lockvogel oder durch die Nachahmung des Lockrufs des Kardinal-Honigfressers bewerkstelligt. Der gefangene Vogel wurde dann gerupft.

In der nächsten Phase waren die sogenannten Plättchenhersteller an der Reihe. Dazu schoss der Plättchenhersteller zunächst mit Pfeil und Bogen ein paar Tauben. Aus den Federn dieser Tauben, die schön steif waren, wurden Plättchen geschnitten und auf diese Plättchen wurden dann die roten Federn des Kardinal-Honigfressers geklebt. Die Herstellung der Plättchen für eine einzige Federspirale dauerte unglaubliche 700 Stunden.

Im dritten Arbeitsgang wurden die Plättchen zum sogenannten Rollenbinder gebracht. Dieser hat alle Plättchen zu einem langen Band zusammengebunden. Die Plättchen überlappten sich dann ähnlich wie Dachziegel. Das Endergebnis war eine leuchtend rote Federrolle.

Nicht alle Federrollen waren gleich viel wert. Es gab verschiedene Währungseinheiten. Entscheidend waren nicht die Größe der Federrolle, sondern die Farbintensität und der Erhaltungsgrad der Federn. Will heißen, je leuchtender die Farbe und je besser der Zustand der Federrolle war, desto mehr war sie auch wert. Insgesamt gab es beim Federgeld zehn Grade. Die Bänder des ersten Grads hatten die leuchtendsten Farben, den besten Erhaltungszustand und waren am meisten wert. Bei den Bändern des untersten Grads war dagegen von einer leuchtend roten Farbe kaum noch etwas zu sehen. Diese Bänder waren beinahe schwarz und meistens in einem erbärmlichen Erhaltungszustand. Die Wertunterschiede der einzelnen Federrollenklassen waren jedoch gewaltig: Ein Band eines bestimmten Grads war stets doppelt so viel wert wie ein Band des Grads darunter. Das bedeutet, ein Band der Klasse 1 war über 500-mal so wertvoll wie ein Band der Klasse 10, also der untersten Klasse.

In allererster Linie diente das Federgeld zur Bezahlung des Brautpreises. Eine Braut war meistens 10 Federbänder der Klasse 1 wert, wobei die Anzahl Bänder für eine Frau von den westlichen Inseln durchaus deutlich höher sein konnte. Diese Frauen galten als besonders geschickt. Sie waren gute Fischerinnen, gute Paddlerinnen und sie konnten auch gut in Obstbäume klettern.

Heute wird das Federgeld kaum noch benutzt. Es wird eigentlich nur noch bei traditionellen Anlässen aus dem Museum geholt. Auf dem Santa-Cruz-Archipel wird jetzt, wie fast überall in der Welt, ganz normal mit Münzen und Geldscheinen bezahlt. Und das hat einen simplen Grund: Es gibt auf Ndende niemanden mehr, der das Handwerk der Federgeldherstellung beherrscht. Dieses traditionelle Handwerk ist schlicht und einfach ausgestorben.

Schwamm drüber

„Schwamm drüber!" – die Fähigkeit eines Schwammes, nahezu jede Flüssigkeit aufzusaugen und wegzuwischen, hat in unserer Sprache zu zahlreichen bildhaften Vergleichen und Metaphern geführt. Aber was ist eigentlich ein Schwamm und warum ist er, nicht nur bei den Freunden eines gepflegten Bades, so überaus begehrt? Zunächst einmal muss hier mit einem auch heute noch weitverbreiteten Vorurteil aufgeräumt werden: Bei Schwämmen handelt es sich keineswegs, wie so oft behauptet wird, um algenähnliche Pflanzen, sondern um Tiere. Und zwar um sehr ursprüngliche, primitive, sesshafte Tiere, die bereits seit mehr als 500 Millionen Jahren existieren. Von den anderen mehrzelligen Tieren unterscheiden sich Schwämme durch das Fehlen eines Nervensystems und jeglicher Organe. Schwämme sitzen am Meeresgrund an Felsen, auf Wracks oder auf dem Sand.

Unter einem „Badeschwamm" wiederum versteht man das von Weichteilen befreite Hornskelett eines Schwammes. Aber bei Weitem nicht jeder Schwamm taugt zum Badeschwamm. Lediglich 15 von den weit mehr als 7500 Schwammarten, die es weltweit gibt, haben eine wirtschaftliche Bedeutung in Sachen Körperhygiene erlangt. Im Mittelmeer ist das neben dem sogenannten „Pferdeschwamm" vor allem – nomen est omen – der „Gewöhnliche Badeschwamm".

Es ist in allerster Linie die enorme Saugkraft von Badeschwämmen, die schon frühzeitig das Interesse der Menschen erregte: Bis zu dem 35-Fachen ihres eigenen Gewichts können Schwämme an Flüssigkeit aufnehmen und wenn gewünscht – das ist der Kick – schon bei leichtem Druck wieder abgeben. Daher ist es kein Wunder, dass sich „echte" Badeschwämme auch heute noch, in Zeiten von Hightech, größter Beliebtheit erfreuen. Und das, obwohl schon seit Langem wesentlich preiswertere, meist aus Schaumstoff gefertigte, künstliche Schwämme auf dem Markt erhältlich sind.

Im Laufe der Jahrhunderte stellte sich der Schwamm dank seiner enormen Saugkraft als wahres Multifunktionsgerät heraus: Bereits der wohl berühmteste Dichter der griechischen Antike, Homer (etwa 8. Jahrhundert v. Chr.), berichtet in seiner Ilias von der Verwendung von Badeschwämmen bei Göttern und Helden. So soll etwa Hephaistos, Gott des Feuers und der Schmiede, Badeschwämme benutzt haben, um sich von den Spuren seiner durchaus schmutzintensiven Tätigkeit zu reinigen. Die berühmte „Schwammtaucherinsel" Symi, die, folgt man der Erzählung des Dichters, mit drei Schiffen aufseiten der Griechen am Feldzug gegen Troja teilgenommen hat, stattete sogar ihre Kämpfer mit Badeschwämmen aus. Denn Schwämme hatten in der Antike durchaus einen militärischen Nutzen – die Soldaten polsterten damit ihre Brustpanzer und Beinschienen aus. So konnte die Wucht eines feindlichen Stoßes abgeschwächt werden.

Aber natürlich gab es für Schwämme im Altertum auch eine zivile Verwendung. Im alten Griechenland nutzte man Schwämme nicht etwa nur zum Baden, sondern auch zur Reinigung von Tischen und Wänden. Die alten Römer verwandten sie dagegen gerne als Malerbürsten. In Ägypten wiederum fanden Badeschwämme in der Antike vor allem im medizinischen Bereich Verwendung. Mit Jod getränkt, wurden sie von Ärzten gerne zur Blutstillung auf Wunden gepresst. Bei Herzbeschwerden wurden mit Wein vollgesogene Schwämme auf die linke Brusthälfte gelegt. Mit Urin getränkte Schwämme fanden dagegen bei Bissen giftiger Tiere Verwendung. Mit Opium- bzw. Schierlingsextrakten vollgesogen, dienten sie aber auch als sogenannter „Schlafschwamm", als Narkose- bzw. Beruhigungsmittel. Und beim Ausbruch von Seuchen wurden mit diversen Flüssigkeiten getränkte Schwämme gerne als eine Art frühzeitliche Atemschutzmaske verwandt.

Sogar antike Diebe sollen das saugfähige Tier vom Meeresboden genutzt haben. Um bei Einbrüchen möglichst lautlos vorzugehen, haben sich die Ganoven im Altertum einfach Schwämme unter die Füße gebunden. Und man glaubt es kaum: Auch bei Hinrichtungen im alten Rom wurde auf Schwämme zurückgegriffen. So ließ der berühmt-berüchtigte römische Kaiser Caligula des Öfteren Todesurteile durch das Ersticken mit Schwämmen vollstrecken.

Im Mittelalter wurden Badeschwämme auch für kirchliche Zwecke eingesetzt, denn Hostienkrümel durften nur mit einem sogenannten „Liturgischen Schwamm" aufgewischt werden. Der Grund für diese außergewöhnliche Verwendung liegt möglicherweise in der Tatsache begründet, dass Jesus am Kreuz laut Markus- und Johannesevangelium ein mit Essig getränkter Schwamm gereicht wurde.

Aber auch als eine Art mittelalterliches Toilettenpapier fanden Schwämme Verwendung.

Die Liebe zu echten Schwämmen war über die Jahrhunderte hinweg ungebrochen – bei ständig steigendem Bedarf versteht sich. So wurden zum Beispiel allein im Jahr 1870 aus dem Mittelmeer stammende Badeschwämme im Wert von 113 000 Pfund Sterling nach England eingeführt.

In der Neuzeit wurde dann Griechenland zum Mekka der Schwammfischerei. Vor allem die griechische Insel Kalymnos war und ist auch heute noch bekannt für ihre Schwammtaucher und die angeschlossene Schwammindustrie.

Meyers Konversations-Lexikon (1888–1890) beschreibt die „Ernte" der Schwämme durch die griechischen Taucher so: „Im Griechischen Meer und an der syrischen Küste gewinnt man den Badeschwamm von Mai bis Ende September durch Taucher von einer Barke aus. Sie gehen 18 m tief und halten 90 Sekunden bis 3 Minuten aus."

An der Luft sterben die frisch vom Meeresboden geholten Schwämme allerdings innerhalb weniger Minuten ab. Die toten Tiere werden dann zunächst in Süßwasser gelegt. Dort beginnt ihr Weichkörper rasch zu verfaulen. Anschließend wird das begehrte Hornskelett durch Auspressen mit den Händen von den verfaulten Weichteilen befreit. Dann werden die Schwämme getrocknet, in handliche Stücke geschnitten und mit Wasserstoffperoxid gebleicht, denn die meisten Endverbraucher bevorzugen gerade für die Hautpflege hellgelb gefärbte Schwämme, gegenüber ungebleichten braunen Schwämmen. Die Bleichprozedur der Schwämme ist Umweltschützern allerdings ein großer Dorn im Auge, da sie häufig direkt auf dem Meer vorgenommen und der giftige Chemiecocktail danach einfach über Bord gekippt wird.

Auf dem Höhepunkt der kommerziellen Schwammfischerei Ende der 1950er-Jahre waren allein in Griechenland 105 Fangschiffe mit insgesamt 1186 Mann Besatzung, die Hälfte davon Taucher, im Einsatz. Die Ausbeute der griechischen Schwammfischer lag damals bei rund 100 000 Kilogramm Schwamm pro Jahr. Eine Menge, die auf dem Weltmarkt einen Preis von 2 Milliarden Dollar erzielte.

Heute sind die Schwammbestände vor allem im östlichen Mittelmeer – bedingt durch gnadenlose Überfischung und zunehmende Umweltverschmutzung – so stark zurückgegangen, dass die Schwammfischerei vor allem vor der lybischen und tunesischen Küste stattfindet. Einige kommerziell genutzte Schwammarten werden von der Europäischen Union mittlerweile sogar als gefährdete Arten geführt.

Allerdings werden heute rund 70 Prozent der Schwammfänge nicht mehr fürs Badevergnügen verwandt, sondern dienen zur Autopflege, zum Schleifen und Polieren, als Filter oder finden im grafischen Gewerbe Verwendung.

Fischereigehilfen

In der modernen Fischerei wird heute meist auf riesige Schleppnetze oder gigantische Treibnetzanlagen gesetzt. Zusätzlich werden modernste technische Hilfsmittel, wie etwa eine Fischlupe oder ein Echolot, eingesetzt, mit denen man leicht lohnende Fischschwärme entdecken kann. Zumindest bei den sogenannten Industrienationen ist das so. In der Dritten Welt geht es in Sachen Fischfang dagegen etwas gemächlicher, aber dafür auch deutlich interessanter zu. Hier werden vielerorts immer noch tierische Hilfskräfte zum täglichen Fischfang herangezogen.

So hat etwa das Fischen mithilfe von Kormoranen oder anderen Wasservögeln eine überaus lange Tradition. Die Kormoranfischerei beispielsweise hat sich vor weit über 2000 Jahren unabhängig voneinander in so unterschiedlichen Ländern wie China und Japan auf der einen und Mazedonien auf der anderen Seite entwickelt. Die Kormoranfischer machen sich dabei die Tatsache zunutze, dass Kormorane nicht nur echte Meistertaucher sind, die bis zu 90 Sekunden lang und 30 Meter tief tauchen können, sondern auch überragende Unterwasserfischjäger. Ein dressierter Kormoran kann bis zu 150 Fische in der Stunde erbeuten. Die dressierten Kormorane werden durch Ringe oder Schnüre am Hals am Verschlucken ihrer Beute gehindert, die sie dann ihrem Besitzer überlassen müssen.

Einen Kormoran abzurichten, ist nicht ganz einfach. Man arbeitet deshalb meist nicht mit Wildfängen, sondern mit Handaufzuchten, die stark auf ihre Bezugsperson, sprich den Fischer, geprägt sind. Die

jungen Kormorane müssen, nachdem sie an das Tragen des Halsrin-
ges gewöhnt wurden, zunächst lernen, ruhig auf dem Rand des Fang-
bootes sitzen zu bleiben und sich erst auf Kommando auf die Fisch-
jagd zu begeben. Und letztendlich müssen die Vögel auch noch dazu
gebracht werden, ihre Beute bei ihrem Herrn und Meister abzuliefern
und auf dem Boot wieder auszuspucken. Die Fischer belohnen dann
ihre gefiederten Gehilfen mit kleinen Fischstückchen oder Garnelen.

Heute wird die Kormoranfischerei nur noch in ziemlich geringem
Umfang in Asien betrieben. Die wirtschaftliche Bedeutung ist überschaubar. Allerdings hat sich Kormoranfischen in China und Japan
mittlerweile zu einer Touristenattraktion gemausert.

Die Zusammenarbeit zwischen Mensch und Delfin beim Fischfang erfolgt im Gegensatz zur Kormoranfischerei erstaunlicherweise
auf völlig freiwilliger Basis – und zwar in zwei weit voneinander entfernten Ländern: Myanmar (Burma) und Brasilien. Berühmt sind vor
allem die burmesischen Irawadi-Delfine, Süßwasserdelfine, die auf
dem Fluss Irawadi schon seit Jahrhunderten mit den Fischern zusam-
menarbeiten.

Zunächst locken die Fischer die Irawadi-Flussdelfine durch Klopf-
zeichen auf die Planken ihrer Boote an. Sobald die Delfine diese Klopf-
zeichen hören, begeben sie sich in kleinen Gruppen von fünf bis sechs
Tieren auf die Jagd. Sie umkreisen kleine Fischschwärme und zeigen
den Fischern mit den Flossen, wohin diese ihre Netze werfen sollen.

Aber nicht alle Delfine betätigen sich als Helfer, sondern diese Zusammenarbeit zwischen Mensch und Delfin hat sich nur auf einem
ganz bestimmten Flussabschnitt eingebürgert – 70 Kilometer lang
und zwischen den Städten Mandalay und Kyaukmyaung gelegen.

Wenn man die Fischer fragt, ob sie die Delfine für ihre Mühe mit
einzelnen Fischen aus dem Beifang (also den Fischen aus dem Fang,
die nicht für den menschlichen Verzehr geeignet sind) belohnen, dann
verneinen sie diese Frage. Ganz im Gegenteil hätte die Vergangenheit
gezeigt: Wenn man den Delfinen Fische zur Belohnung zuwirft, würden die Delfine erschrecken und flüchten. Aber die Fischer berichten

auch, dass sich die Delfine oftmals die Fische holen, die beim Wurf des Netzes in Panik geraten und dadurch für die Delfine leichte Beute sind oder die Fische, die beim Fang teilweise durch die Maschen des Netzes hervorragen. Will heißen: Zu kurz kommen die Delfine nicht.

Bei den brasilianischen Delfinen, die als Fischereigehilfen tätig sind, handelt es sich nicht wie in Burma um Süßwasserdelfine, sondern um Meerwasserdelfine, sogenannte „Große Tümmler" – eine Spezies, zu der übrigens auch der Liebling der Kinder „Flipper" gehört. Auch hier passiert die Zusammenarbeit Mensch und Tier auf völlig freiwilliger Basis. Die Delfine zeigen den Fischern durch Schläge mit den Schwanzflossen auf die Wasseroberfläche an, wo die Fische sind und treiben ihnen auch noch die Beute ins Netz. Zur Belohnung erhalten die fleißigen Gehilfen den Beifang – für die Delfine eine leicht eroberte Mahlzeit.

Schildkrötenfischer greifen dagegen auf Fische als Fischereigehilfen zurück. An einigen Küstenabschnitten Ostafrikas sowie in der Karibik haben einige Fischer eine außergewöhnliche Fangmethode entwickelt, um Meeresschildkröten zu erbeuten: Anstelle von Angelhaken setzen sie sogenannte Schiffshalter als unbezahlte Hilfskräfte zum Fang der seltenen, aber leider wohlschmeckenden Meeresreptilien ein. Schiffshalter sind schlanke, zur Ordnung der Barschartigen zählende Fische, die sich mithilfe ihrer zu einer Saugplatte umgewandelten Rückenflosse an größere Fische, Schildkröten oder diverse Meeressäuger anheften, um sich so als „blinde Passagiere" mitnehmen zu lassen. Im Gegenzug befreien die Schiffshalter ihr lebendes Transportmittel von lästigen Parasiten. Die Fangmethode per „Lebendsaugnapf" ist ebenso simpel wie raffiniert: Haben die Fischer erst einmal eine Schildkröte gesichtet, wird sofort ein Schiffshalter, an dessen Schwanzflosse eine lange Leine befestigt ist, von einem Boot aus ins Wasser gesetzt. Der Fisch steuert dann wie ferngesteuert direkt auf die Schildkröte zu und saugt sich sofort an ihrem Panzer fest. Die Fischer müssen dann nur noch die Leine einholen und die Meeresschildkröte an Bord hieven.

Von der Kunst
des Frettierens

Der Iltis ist den Menschen schon seit mehreren tausend Jahren als geschickter Jäger von Kaninchen, Ratten und Mäusen bekannt. Und so war es eigentlich kein Wunder, dass man bereits in der Antike damit begann, die kleinen Raubtiere zu domestizieren und zu züchten, um sie jederzeit bei Bedarf als Mäuse- und Rattenfänger oder zur Jagd auf Kaninchen einsetzen zu können. Über die Jahrhunderte entstand so die Haustierform des Iltisses, das Frettchen, wobei heute unklar ist, ob der Europäische Iltis oder der Steppeniltis die Urform des Frettchens ist.

Das Prinzip der Frettchenjagd, das sogenannte „Frettieren", ist seit vielen Jahrhunderten unverändert: Ein zur Jagd abgerichtetes Frettchen, meist ein mit Maulkorb und Halsglöckchen versehenes Weibchen, wird vom Jäger in die engen Gänge eines Kaninchenbaus geschickt, um die Beute aufzustöbern. Flüchten dann die, ob dieser Bedrohung in Panik geratenen Kaninchen aus dem Bau, können sie vom Jäger bequem entweder in speziellen Netzen gefangen oder mit der Schusswaffe erlegt werden. Auch einige Falkner setzen ausgesprochen gerne Frettchen als Hilfskräfte ein, um anschließend die aus dem Bau flüchtenden Kaninchen von ihrem abgerichteten Greifvogel, meist einem Bussard oder Habicht, schlagen zu lassen.

Seit wann genau der Mensch auf Frettchen als Jagdgehilfen zurückgreift, ist bis heute nicht eindeutig geklärt. Vermutungen, dass Frettchen bereits vor 5000 Jahren von den alten Ägyptern zur Mäusejagd eingesetzt wurden, konnten nicht bestätigt werden. Vieles spricht jedoch dafür, dass das Frettchen etwa 500 v. Chr. in Griechenland domestiziert wurde, beschreibt doch bereits Aristoteles (384–322 v. Chr.) den „Ictis" als eifrigen Jagdhelfer.

Auch die alten Römer schätzten die Dienste der Frettchen als zuverlässige Jagdgehilfen. So berichtet beispielsweise der römische Gelehrte und Historiker Plinius der Ältere (23–79 n. Chr.), dass der erste römische Kaiser Augustus während seiner Regierungszeit Frettchen auf die Balearen schickte, um die dortige Kaninchenplage endlich in den Griff zu bekommen.

Angeblich soll auch der mongolische Herrscher Dschingis Khan im 13. Jahrhundert bereits mit Frettchen gejagt haben.

Im Mittelalter war das Frettchen dann in Teilen Europas bereits weit verbreitet und erfreute sich besonders bei Adligen und kirchlichen Würdenträgern großer Beliebtheit. Dem gemeinen Volk wollte man dagegen die „edle" Frettchenjagd vorenthalten. So wurde beispielsweise in England im 14. Jahrhundert ein Gesetz erlassen, das den Besitz von Frettchen erst ab einem bestimmten Mindesteinkommen gestattete.

In Deutschland wurde das Frettchen, damals noch als „Furon" bezeichnet, zum ersten Mal im Jahr 1583 im mittelalterlichen Lehrbuch „New Felde und Ackerbaw" des Universalgelehrten Petrus De Crescentiis erwähnt, indem explizit die Kaninchenjagd mit dem kleinen Raubtier beschrieben wird.

In der Renaissance wurden Frettchen vor allem von adligen Damen als Haus- und Hoftiere gehalten. Die englische Königin Elisabeth I. (1533–1603) war beispielsweise dermaßen von ihren zahmen Frettchen begeistert, dass sie sich sogar mit ihrem Lieblingsfrettchen porträtieren ließ. Und auch Queen Victoria (1819–1901) schätzte die kleinen Raubtiere so sehr, dass sie immer wieder besonders prächtige Exemplare ihren Staatsgästen als Geschenk überreichen ließ.

Heute werden Frettchen nur noch relativ selten zur Kaninchen- und Hasenjagd eingesetzt, erfreuen sich jedoch aufgrund ihrer Anhänglichkeit und ihres natürlichen Spieltriebs immer größerer Beliebtheit als Haustier der besonderen Art.

Übrigens: In Deutschland ist die Frettchenjagd, wie jede andere Form der Jagd auch, nach dem Bundesjagdgesetz nur mit einem gültigen Jagdschein erlaubt.

In Deutschland haben ausgesetzte Frettchen nach Ansicht der meisten Wissenschaftler keine Überlebenschance, da meist der nur noch reduziert vorhandene Jagdinstinkt nicht mehr zum Überleben in der freien Natur ausreicht. Allerdings gab und gibt es zahlreiche Berichte über freilebende Frettchen auf der Nordseeinsel Norderney, die dort die Gelege von Seevögeln plündern. Ob die kleinen Raubtiere jedoch stabile Populationen bilden, ist fraglich.

De arte venandi
cum avibus

Das wichtigste Statussymbol in den Vereinigten Emiraten ist nicht etwa eine Megavilla, eine Luxuslimousine oder ein mit Brillanten besetzter Chronometer aus dem Haus eines Edeljuweliers, nein, ein gut ausgebildeter Jagdfalke ist es, der dort allen anderen irdischen Besitztümern den Rang abläuft. Die Falkenjagd hat in den arabischen Ländern eine lange Tradition. Viele Jahrhunderte lang fingen die Beduinen Wanderfalken und richteten sie ab, um sie in der Wüste als gefiederte Jagdhelfer bei der Jagd auf Kragentrappen – großgewachsene Bodenvögel, die verwandtschaftlich den Kranichen nahe stehen – einzusetzen. Geschickte Falkner genossen dabei bei ihren Stammesgenossen höchstes Ansehen. Nach dem Ende der Beizsaison ließen die Wüstensöhne die Falken übrigens wieder frei.

Aus diesem Grund sind wohlsituierte Araber in den Emiraten – vor allem dank sprudelnder Ölquellen – bereit, nahezu jeden Preis für einen gut ausgebildeten Jagdfalken zu zahlen. Preise um 100 000 Euro pro Vogel sind dabei keine Seltenheit. Man schätzt, dass allein in Abu Dhabi über 7000 Jagdfalken gehalten werden. Die Falken selbst stammen oft aus deutschen oder österreichischen Zuchten, denn die Haltung von Falken, die aus freier Wildbahn entnommen wurden, ist in den Emiraten seit 2002 verboten. Allerdings sollen nach Aussage von Naturschutzverbänden immer wieder illegale Wildfänge in die arabischen Staaten geschmuggelt werden, da Zuchterfolge und legale Importe den hohen Bedarf an Jagdfalken offensichtlich

nicht abdecken können. Und da offensichtlich nicht nur wohlsituierte Araber gewillt sind, unglaubliche Summen für einen „guten"
Jagdfalken aus freier Wildbahn zu zahlen, ist das Beschaffen von il-
legalen Falken mittlerweile zu einem Millionengeschäft geworden,
an dem Wilderer, Schmuggler und dubiose Geschäftsleute kräftig
partizipieren.

In Sachen Komfort mangelt es den Vögeln in den Emiraten an
nichts: Die Falken leben in perfekt klimatisierten Volieren, das Futter
genügt selbst höchsten (Vogel-)Ansprüchen und auch die medizinische
Betreuung ist in den Golfstaaten vorbildlich. So befindet sich etwa in
Abu Dhabi mit dem „Falcon Hospital" die größte Greifvogelklinik der
Welt. Im Falcon Hospital warten ein hochmoderner Operationssaal,
eine Intensivstation und bestens ausgestattete Labore auf die geflügelten Patienten. Das medizinische Team besteht aus knapp zwei Dutzend
Mitarbeitern, darunter drei Veterinärmediziner und vier Laborantin-
nen. Dank zahlreicher Gruppen- und Einzelzimmer können dort mehr
als 100 Falken gleichzeitig stationär behandelt werden. Dass jeder Vogel über eine eigene Krankenakte verfügt, versteht sich von selbst. In
der Klinik werden jährlich etwa 100 000 Falken behandelt, die meisten
wegen Augenproblemen, Flügelverletzungen, Atembeschwerden und
Fußerkrankungen. Natürlich ist auch das Wartezimmer in der Falkenklinik Luxus pur. Dort sitzen die Falken – ein maßgeschneidertes Le-
derhäubchen bedeckt die Augen, damit die Tiere nicht nervös werden –
auf Stangen, die mit Kunstrasen bedeckt sind. Das massiert ähnlich,
wie das genoppte Gesundheitsschuhe bei uns Menschen tun, die Füße
der Greifvögel. Ein extra abgestellter Pfleger besprüht das Gefieder der
tierischen Patienten in regelmäßigen Abständen mit Wasser aus einer
Zerstäuberflasche. Ebenfalls eine Maßnahme, die der Beruhigung der
Falken dient, da Falken generell sehr wenig trinken, sondern Flüssigkeit
vor allem über die Füße und die Haut aufnehmen – und dehydrierte
Falken werden schnell sehr nervös. Nach der Untersuchung oder einer
OP gibt es, als kleine Belohnung für die Falken, Wachteln zu fressen, die
extra für diesen Zweck aus Frankreich importiert werden.

Übrigens: Bevor sich ein Scheich entscheidet, einen neuen Falken zu erwerben, schickt er diesen erstmal zu einem umfassenden medizinischen Check in die Falkenklinik – denn auch für einen Scheich stellt ein guter Jagdfalke einen erheblichen Wert dar. Die medizinische Untersuchung umfasst nicht nur eine visuelle Inspektion, ein großes Blutbild und eine Röntgenaufnahme, sondern die Falken werden auch noch kurz narkotisiert und danach wird mithilfe eines Endoskops das Innere des Körpers, sprich Lunge, Bronchien, Magen und Leber, durchgecheckt. Besteht auch nur der kleinste Verdacht einer Krankheit, kommt der Kauf nicht zustande.

Nach Meinung zahlreicher Historiker waren es wohl die asiatischen Reitervölker, die zuerst Greifvögel zur Jagd abgerichtet haben. Die sogenannte „Beizjagd", wie die Jagd mit Greifvögeln später bei uns in Deutschland einmal genannt werden sollte, war offenbar in den deckungslosen Steppen Zentralasiens schlicht und einfach die zweckmäßigste Jagdform. Der Begriff „Beizjagd" leitet sich übrigens vom althochdeutschen Begriff „beißen" ab. Damit ist der tödliche Genickbiss gemeint, mit dem ein Falke üblicherweise seine Beute tötet. Das Konzept der Falknerei breitete sich dann relativ schnell nach Osten und zur Arabischen Halbinsel aus. Aufzeichnungen zeigen beispielsweise, dass die Falknerei schon um 2205 v. Chr. in China ausgeübt wurde. Und Reliefs, auf denen Falkner dargestellt sind, gefunden in den Ruinen der assyrischen Stadt Chorsabad, beweisen, dass bereits vor 3600 Jahren auch in Mesopotamien mit abgerichteten Raubvögeln gejagt wurde.

Nach Europa gelangte die Beizjagd dagegen erst im 4. Jahrhundert n. Chr. im Zuge der Völkerwanderung. Dort diente die Falknerei zunächst noch als sogenannte Erwerbsjagd für die „einfache" Bevölkerung, mutierte jedoch bald zu einem Standessymbol von Adel und höherem Klerus. Wer könnte schließlich auf eindrucksvollere Weise Macht, Reichtum und Stand symbolisieren, als ein abgerichteter Greifvogel auf der behandschuhten Faust seines Trägers.

Einer der begeistertsten Anhänger der Falknerei war der Stauferkaiser Friedrich II. (1194–1250), der nicht nur persönlich Greifvögel für die Jagd abrichtete, sondern auch ein nicht nur für die damalige Zeit bemerkenswertes Buch über Vögel und die Falknerei verfasste. Das mit über 900 Vogelbildern ausgestattete Werk „De arte venandi cum avibus" (Über die Kunst mit Vögeln zu jagen) galt bis weit in die Neuzeit hinein als das maßgebliche Lehrbuch für die Falknerei.

Während der Landadel mit den sogenannten Vögeln des „niederen Fluges", also Sperber und Habicht, beizte, gingen Könige in der Regel mit dem Falken oder dem Adler auf die Jagd.

Auch in Zentralasien war die Jagd mit Greifvögeln weitverbreitet. So berichtet der berühmte venezianische Handelsreisende Marco Polo (1254–1324), dass der große Mongolenherrscher Kublai Khan Jagdausflüge mit 10 000 (!) Falknern unternommen haben soll, um in den Steppen der Mongolei mit Adler und Falke Niederwild zu jagen.

Übrigens ist die Beizjagd mit dem riesigen Steinadler vom Rücken eines Pferdes aus auch heute noch eine Spezialität der zentralasiatischen Völker. Kasachische und kirgisische Falkner setzen die gewaltigen Vögel sogar zur Wolfjagd ein.

Im 18. Jahrhundert erlosch vielerorts das Interesse des Adels an der Beizjagd, man wandte sich lieber der überall in Mode gekommenen Parforcejagd zu, bevor die Französische Revolution und ihre Folgen in vielen Staaten dem feudalen Jagdwesen generell ein Ende setzte.

In Deutschland sind heute nur noch vergleichsweise wenige, etwa 2000, Falkner tätig. Mit dem Wanderfalken werden vor allem Fasane, Rebhühner und Enten gebeizt. Die Jagd mit dem Habicht gilt dagegen hauptsächlich Kaninchen und Hase.

Die Ausbildung eines Greifvogels für die Beizjagd dauert mehrere Wochen und beginnt unmittelbar nach dem Flüggewerden des Jungvogels. Nach einer kurzen Gewöhnungsphase, die dazu dient, dem Vogel seine natürliche Scheu vor dem Menschen zu nehmen, beginnt das eigentliche Training. Das wichtigste Trainingsgerät bei der Abrichtung von Falken für die Beizjagd ist das Federspiel: ein kleines hufeisenförmiges Leder- oder Stoffkissen, an dem beidseitig Vogelschwingen angebracht sind. Zusätzlich finden sich am Federspiel auch noch Bänder, an denen die sogenannte „Atzung" (in der Falknersprache Nahrung) festgebunden ist. Das Federspiel wird an einer rund 2 Meter langen Leine befestigt, die der Falkner dann ähnlich einem Lasso um den Kopf kreisen lässt. Durch die geschwungene Beuteattrappe angelockt, lernt der Greifvogel auf diese Weise, zu seinem Falkner zurückzukehren. Für die erfolgreiche Rückkehr wird der Vogel dann mit der Atzung belohnt. Durch das Training mit dem Federspiel baut der Greifvogel nicht nur Flugmuskulatur auf, sondern erlangt auch die nötige Flugsicherheit, die er braucht, um später eine „echte" Beute schlagen zu können.

Die Trefferquote bei der Beizjagd ist relativ gering, gerade mal 5 bis 10 Prozent der Jagdeinsätze sind erfolgreich, bei den anderen gehen Greifvogel und Falkner leer aus.

Gefiederte Hüter eines Weltreiches

Ganz schön exzentrisch waren die Engländer schon immer. Na ja, zumindest einige. Aber dass die Regierung ihrer Majestät glaubt, dass das Wohlergehen des Britischen Empires von sechs Raben abhängt, das ist schon ein starkes Stück. Tatsache ist allerdings, dass jeder Brite schon in der Schule die alte Legende lernt, wonach das Empire untergeht, wenn die Raben den berühmt-berüchtigten Londoner Tower verlassen.

Woher diese Legende stammt, ist wissenschaftlich umstritten. Der wohl bekanntesten Legende nach soll es der englische König Charles II. (1630–1685) gewesen sein, der am Entstehen dieses Mythos kräftig beteiligt gewesen sein soll. Der König, der als „Merry Monarch" (der fröhliche König) in die Geschichtsbücher einging, war es leid, dass ihm die Raben ständig auf sein im Tower aufgestelltes, geliebtes Teleskop schissen. Aber als der genervte König befahl, die Übeltäter abzuschießen, teilte ihm ein hochrangiger Hofbeamter mit, dass es eine Legende gäbe, nach der das Britische Empire unterginge, wenn im Tower keine Raben mehr leben würden. Dieses Risiko wollte der abergläubische Monarch nicht eingehen: Die Raben wurden verschont und das königliche Fernrohr wurde im benachbarten Greenwich aufgestellt.

Folgt man den zahlreichen Legenden, dann leben in und um den Londoner Tower schon seit vielen Jahrhunderten Raben. Raben, die irgendwann vom Geruch der Leichen, der dort ziemlich regelmäßig hingerichteten Staatsfeinde, angelockt wurden und sich dann, Aasfresser, die Kolkraben nun mal sind, am Fleisch der Leichen bedient haben. So existiert beispielsweise ein Mythos, nach dem „sogar die Towerraben vor Trauer verstummt seien", als man Anna Boleyn, die unglückliche Gattin Heinrichs VIII., 1535 hingerichtet habe. Bei der Hinrichtung von Lady Jane Grey 1554 zeigten die Raben dagegen der Legende nach deutlich weniger Empathie, sondern pickten mit Genuss die Augen aus dem vom Beil abgetrennten Haupt der als „Neuntagekönigin" bekannt gewordenen Adligen.

Allerdings sieht die Wahrheit doch ein bisschen anders aus. Erste schriftliche Belege für die Existenz der Towerraben lassen sich erst im Jahr 1895 finden. Damals wurden in einer Zeitschrift zwei Raben erwähnt, die im Tower eine Katze belästigt hatten.

Über das Wohlergehen der gefiederten „Empirebewahrer", die fast alle nordisch-keltische Namen, wie Gwyllum, Thor, Branwen, Hugin, Munin oder Baldrick, tragen, wacht mit Argusaugen der königliche Rabenmeister, traditionell ein Stabsfeldwebel der britischen Armee. Zu seinen Aufgaben gehört unter anderem das regelmäßige Stutzen der Schwingen, um die Vögel am Fortfliegen zu hindern und so den Fortbestand der Monarchie sicher zu gewährleisten.

Offiziell werden die Raben als Soldaten (allerdings niedrigster Dienstgrad) ihrer Majestät geführt und können als solche natürlich auch wegen ungebührlichen Verhaltens aus dem Dienst entlassen werden. So wurde der Rabe George unehrenhaft aus der Armee entlassen, weil er wiederholt mutwillig Fernsehantennen zerstört hatte. Der verhaltensauffällige Rabe musste den Tower verlassen und wurde im Exil in einem Waliser Zoo untergebracht. 1966 mussten ihm zwei weitere Towerraben folgen, da sie sich „nicht, wie man es von einem Towerbewohner erwarten kann", verhalten hatten. So stand es zumindest in den Entlassungspapieren der Verstoßenen.

Im Tower leben auch sogenannte Ersatzraben, die zum Zug kommen, wenn einer der „offiziellen" sechs Raben an Altersschwäche stirbt oder einem Unfall zum Opfer fällt, wie etwa vor wenigen Jahren, als ein Fuchs die Raben „Jubilee" und „Grip" verspeiste.

Erstaunlicherweise sind die Towerraben nicht nur ausgesprochen klug, sondern haben auch einen gewissen Sinn für Humor: Einige der schwarzen Vögel stellen sich in der Gegenwart von Touristen oft gerne einmal tot – einfach leblos auf den Rücken legen, Beine angewinkelt gen Himmel strecken und fertig ist die vermeintliche Rabenleiche. Schaut dann das von völlig aufgelösten Touristen eilig herbeigerufene Towerpersonal nach dem Rechten, springen die „Leichen" fröhlich auf und freuen sich diebisch über ihre gelungene Täuschungsaktion.

So richtig kritisch wurde es während des Zweiten Weltkriegs für das Wohlergehen des Britischen Empires, als die deutsche Luftwaffe immer wieder London bombardierte. Vom Bombenhagel völlig verstört, flohen fünf der sechs Raben aus dem Tower. Daraufhin wurden, auf Anordnung des Premierministers Winston Churchill selbst, sofort neue Raben in den Tower gebracht, um die alten Verhältnisse wiederherzustellen und das Empire zu retten. Übrigens, als im Jahr 2006 die Vogelgrippe den Bestand des Britischen Empires massiv zu bedrohen schien, wurden Thor und Kollegen kurzerhand eingesperrt.

Die Towerraben sind jedoch keineswegs die einzigen Tiere, die für das Wohlergehen des Britischen Empires verantwortlich sind. Es existiert eine weitere Legende, nach der die strategisch äußerst wichtige Kronkolonie Gibraltar für Großbritannien in dem Augenblick unwiderruflich verloren geht, wenn es auf dem berühmten „Felsen von Gibraltar" keine Berberaffen mehr gibt. Und auch hier musste Winston Churchill einst rettend eingreifen: Als 1942 mitten im Zweiten Weltkrieg die Affenpopulation Gibraltars auf mickrige sieben Exemplare zusammengeschrumpft war, ließ der englische Premierminister sofort einige Affen aus dem nahen Marokko importieren. Bis ins Jahr 1999 waren die Primaten dem Londoner Verteidigungsministerium unterstellt. Ein eigens abgestellter, sogenannter „Affenoffizier" kümmerte sich damals um das Wohlergehen der Tiere. Heute werden die Affen von Zivilisten betreut, von Mitgliedern der „Gibraltar Ornithological and Natural History Society".

Laika, Ham und eine ganze Menge Bärtierchen

Es war mitten im Kalten Krieg, genauer gesagt, am 4. Oktober 1957, als es der Sowjetunion gelang, mit Sputnik 1 den ersten Satelliten in die Erdumlaufbahn zu bringen und damit im Westen den sogenannten „Sputnik-Schock" auszulösen. Niemand in den westlichen Staaten hatte damals geahnt, dass das sowjetische Weltraumprogramm bereits so weit fortgeschritten war und die scheinbar technisch so rückständige Sowjetunion im Kampf um die Eroberung des Weltraums gegenüber den USA die Nase deutlich vorn hatte.

Als ob das nicht schon gereicht hätte, setzten die Sowjets sogar noch einen drauf: Sie kündigten an, nur einen Monat später, pünktlich zum 40. Jahrestag der Oktoberrevolution im Rahmen der Mission Sputnik 2 das erste Lebewesen in den Erdorbit zu schicken – die Hündin Laika.

Bevor die Sowjetunion jedoch überhaupt ein Lebewesen in die Erdumlaufbahn schicken konnte, galt es jedoch bereits einige Jahre zuvor, eine ausgesprochen wichtige Entscheidung zu treffen: Welche Tierart eignet sich am besten zum Kosmonauten? Die russischen Weltraumwissenschaftler entschieden sich nicht, wie eigentlich zu erwarten gewesen wäre, für Affen, die dem Menschen nicht nur im Habitus, sondern auch von der Gen-Ausstattung am ähnlichsten sind, sondern erstaunlicherweise für Hunde. Die ließen sich nach Meinung der Sowjets leichter trainieren und schienen auch weniger krankheitsanfällig zu sein. Aber bald stellte sich heraus, dass es gar nicht so einfach war, weltraumtaugliche Hunde zu finden: Aus Gründen der Gewichts- und Platzersparnis durften die Hunde nicht mehr als sechs Kilogramm schwer und auch nicht größer als 35 Zentimeter sein. Und da man bereits im Vorfeld wusste, dass den vierbeinigen Kosmonauten große körperliche Strapazen bevorstanden, setzte man nicht etwa auf verwöhnte Zuchthunde, sondern auf zähe Straßenköter. Die Tatsache, dass nur weibliche Hunde als tierische Kosmonauten ausgewählt wurden, war dagegen eine Frage der Anatomie und der Hygiene: Bei Hündinnen ließen sich schlicht und einfach die Behälter zum Auffangen von Kot und Urin besser befestigen als bei Rüden.

Von den ursprünglich zehn für die Sputnik-2-Mission trainierten Hündinnen kamen schließlich drei in die engere Auswahl: Albina, Muschka und Laika. Alle drei Hündinnen hatten bereits ein äußerst strapaziöses einjähriges Training hinter sich, das die Tiere auf die speziellen Umstände des Flugs vorbereiten sollte. So wurden die Hunde nicht nur während der Trainingsphase in immer kleiner werdenden Käfigen gehalten, um sie auf die beengten Verhältnisse in der Raumkapsel vorzubereiten, sondern sie mussten sich auch an einen maßgeschneiderten enganliegenden „Raumanzug" gewöhnen. Der „Hunderaumanzug" war neben dem bereits erwähnten Auffangbehälter für Fäkalien übrigens auch mit feinen Sensoren ausgestattet, die ständig Herzschlag, Blutdruck und Atem des Hundes kontrollierten. Und last, but not least mussten die tierischen Kosmonauten in spe immer wieder Beschleunigungstests in einer Zentrifuge und weitere physiologische Härtetests über sich ergehen lassen.

Letztendlich entschieden die russischen Weltraumwissenschaftler, dass die Mischlingshündin Laika, zum Ruhm der Sowjetunion, den Weltraum erobern sollte. Die hatte ihre Trainer in allen Tests am meisten in Sachen ihrer Zähigkeit und raschen Auffassungsgabe überzeugt. Laika, ein Husky-Terrier-Mix, war zuvor als Streunerin auf den Straßen Moskaus aufgegriffen worden. Der eigentliche Name der Hündin war übrigens Kudrjawka (dt.: Löckchen), den Namen Laika (dt.: Kläffer) erhielt sie erst später von ihrem Trainer.

Am 3. November 1957, vier Tage vor den Revolutionsfeiern, kam dann Laikas großer Augenblick: Das erste Lebewesen wurde vom russischen Raumfahrtzentrum Baikonur erfolgreich in die Umlaufbahn um die Erde geschickt. Allerdings war eine glückliche Rückkehr zur Erde für Laika von Anfang an nicht vorgesehen gewesen, was mit dem engen Zeitmanagement der russischen Weltraumbehörde zu tun hatte. Die für Sputnik 2 verantwortlichen Weltraumtechniker standen unter gewaltigem Zeitdruck: Staats- und Parteichef Nikita Chruschtschow hatte nachdrücklich gefordert, Sputnik 2 termingerecht zum 40. Jahrestag der Oktoberrevolution ins All zu schicken. In der kurzen verbleibenden Zeit sahen sich die Weltraumtechniker jedoch außerstande, die Raumkapsel mit Hitzeschilden auszustatten. Hitzeschilden, die jedoch für einen unbeschadeten Wiedereintritt in die Atmosphäre unabdingbar gewesen wären. Aus diesem Grund kam es zu einer Planänderung: Laika sollte nicht im Triumph zur Erde zurückkehren, sondern zehn Tage lang ausreichende Daten ihrer Körperfunktionen liefern. Anschließend sollte ihr mittels vergifteten Futters ein schneller Tod gewährt werden. Im Westen löste die Nachricht vom vorgeplanten Tod Laikas geradezu Stürme der Entrüstung aus. Tierschutzorganisationen in der ganzen Welt – vor allem aber in Großbritannien – riefen die Bevölkerung zu Demonstrationen vor den sowjetischen Botschaften auf. Daraufhin berichtete die unter gewaltigen moralischen Druck geratene sowjetische Presse tagelang vom guten Befinden der Hündin, um dann nach etwa einer Woche zu erklären, Laika sei nach mehrtägigem Flug wegen Sauerstoffmangels friedlich entschlummert.

Die Wahrheit über Laikas Tod kam allerdings erst 45 Jahre später ans Licht. Der an der Sputnik-2-Mission beteiligte Biologe Dimitri Malaschenkow berichtete auf einem Weltraumkongress in Houston, dass die Weltraumhündin bereits wenige Stunden nach dem Start aufgrund einer Fehlfunktion der Wärmeisolierung der Kapsel an Überhitzung und Stress gestorben war. Will heißen, als die sowjetischen Medien einen weiteren Triumph des Sozialismus verkündeten, war der erste Hund im Erdorbit schon längst tot. Sputnik 2 mit der toten Laika an Bord umkreiste noch insgesamt 2570 Mal die Erde, bevor die Raumkapsel am 14. April 1958 beim Wiedereintritt in die Erdatmosphäre verglühte.

Ihr Flug ins Weltall und vor allem ihr trauriges Schicksal machte Laika mit einem Schlag zum berühmtesten Hund der Welt. Mehrere Staaten gaben Briefmarken zu Laikas Ehren heraus. Und vermarkten ließ sich die „heldenhafte Weltraumpionierin" auch ganz gut: Wenig später tauchten Schokoladenpackungen mit dem Konterfei der berühmten Hündin auf und die russische Zigarettenindustrie beglückte den Markt der sozialistischen Länder mit der neuen Marke „Laika".

Das erste Lebewesen im All gewesen zu sein, wie oft fälschlicherweise behauptet wird, diese Ehre kann Laika allerdings nicht für sich beanspruchen. Sowohl die Vereinigten Staaten als auch die Sowjetunion hatten schon zuvor reichlich Erfahrung mit Lebewesen im All oder zumindest an der Grenze zum Weltraum gesammelt.

Im Gegensatz zu den Russen setzen die Amerikaner jedoch bei ihren tierischen Weltraummissionen wegen der physiologischen Ähnlichkeit zum Menschen lieber auf Affen als auf Hunde. Außerdem war man davon überzeugt, Affen im Gegensatz zu Hunden besser darauf trainieren zu können, einfache Aufgaben während des Flugs durchzuführen.

Die ersten Tiere im All waren allerdings keine Affen, sondern amerikanische Fruchtfliegen, die 1947 an Bord einer nachgebauten deutschen V2-Rakete bei einem 3-minütigen Flug in eine Höhe von 109 Kilometern die Grenze zum Weltall gerade mal so erreichten. Die Insekten waren ins All geschossen worden, um zu testen, ob Lebewesen überhaupt in der Lage sind, die Wirkung von kosmischer Strahlung zu überstehen. Tun sie: Die Fruchtfliegen kamen heil auf die Erde zurück.

Das erste Säugetier im All war dann Albert II., ein Rhesusaffe, den die USA 1949, in einer nachgebauten deutschen V2-Rakete, in den Weltraum schickten. Albert erreichte eine Höhe von immerhin

130 Kilometern. Allerdings öffnete sich bei der Landung der Fallschirm nicht.

Albert II. folgte dann fast 11 Jahre später das Totenkopfäffchen Gordo. Gordo wurde am 13. Dezember 1958 auf einen suborbitalen Weltraumflug geschickt. Aber auch Gordos Weltraummission stand offensichtlich unter keinem guten Stern. Das Totenkopfäffchen, das während seiner Mission ins All immerhin acht Minuten der Schwerelosigkeit ausgesetzt war, überstand zwar Start und Landung, ertrank allerdings wegen eines mechanischen Fehlers der Fallschirmfunktion der Raketenkapsel bei der Landung im Ozean. Die Kapsel und damit auch die Leiche konnten nicht geborgen werden.

Besser erging es Abel und Baker, einem Totenkopfäffchen und einem Rhesusaffen, die am 28. Mai 1959 einen suborbitalen Flug mit einer Jupiterrakete gesund und munter überstanden. Weitere Testflüge mit Rhesusaffen folgten dann Schlag auf Schlag: Sam startete am 4. Dezember 1959, Miss Sam am 21. Januar 1960 ins All. Beide Tiere überstanden ihre Flüge, die der Erprobung des Rettungssystems und diversen medizinischen Untersuchungen dienten, ohne größere Probleme.

Die Aufschlagsteifigkeit der Raumkapsel wurde übrigens mithilfe eines Schweins namens „Gentle Bess" getestet. Allerdings verzichtete die NASA danach auf weitere Tests mit Schweinen, da man herausfand, dass die Borstentiere nicht lange in einer sitzenden Position überleben konnten.

Am 31. Januar 1961 wurde, sozusagen als vorläufige Krönung der amerikanischen Raumfahrtgeschichte, der Schimpanse Ham in einer Mercury Kapsel ins All geschossen. Ham wurde 1957 im Dschungel von Kamerun in freier Wildbahn geboren. Seine Familie fiel kurz nach seiner Geburt Wilderern zum Opfer. Der junge Schimpanse selbst wurde auf einem zentralafrikanischen Fleischmarkt verkauft und in einen Privatzoo nach Florida gebracht, wo er von der NASA erworben wurde. In seiner neuen Heimat, der Holloman Air Force Base musste Nr. 65 – wie Ham damals noch hieß – vor seiner Ausbildung zum Astronauten zunächst einmal kräftig entlaust und entfloht werden. Anschließend wurde Ham in einem speziellen Trainingslager mit fünf anderen Schimpansen dazu ausgebildet, einfache Aufgaben zu bewältigen. Trainiert wurden die Affen nach dem damals gängigen Prinzip von „Zuckerrohr und Peitsche", wobei leichte Elektroschocks als Bestrafung und reichlich Bananen als Belohnung eingesetzt wurden. Letztendlich war es dann Ham, der sich gegen seine Konkurrenten durchsetzen konnte und für die Mission MR 2 ausgewählt wurde.

Ham erreichte bei seinem Flug eine Höhe von 253 Kilometer, verbrachte 6 Minuten in der Schwerelosigkeit und landete nach einer Gesamtflugzeit von 17 Minuten knapp 700 Kilometer von Cap Canaveral entfernt sicher im Atlantik. Mit Hams Flug wurde die große Aufholjagd der Amerikaner in der bemannten Raumfahrt eingeläutet, die 8 Jahre später ihren Höhepunkt mit der erfolgreichen Landung auf dem Mond fand. Seinen verdienten Ruhestand verbrachte der langarmige Astronaut – lediglich unterbrochen von gelegentlichen Fernsehauftritten – zuerst im Zoo von Washington und anschließend im Zoo von North Carolina, wo er 1983 im Alter von 26 Jahren an Altersschwäche starb.

Heute werden keine tierischen Astronauten mehr ins All geschickt. Allerdings sind und waren auf zahlreichen Weltraummissionen immer wieder Tiere an Bord, mit denen im All Experimente – vor allem zur Erforschung der Schwerelosigkeit – durchgeführt wurden bzw. werden. Insgesamt war an Bord eine ziemlich breite Palette des Tierreichs vertreten: Vögel, Geckos, Schnecken, Fische, Fruchtfliegen bis hin zu den als ausgesprochen überlebensfähig geltenden Bärtierchen. Und diese gerade mal 1 Millimeter großen wirbellosen Tiere, die vom Aussehen her an winzige achtbeinige Gummibärchen erinnern, können sogar im Weltraum überleben.

Herausgefunden hat das ein deutsch-schwedisches Forscherteam, als 2007 im Rahmen der Mission FOTON-M3 der Europäischen Weltraumorganisation (ESA) einige Exemplare der tierischen Miniastronauten ins All geschossen wurden und dort zehn Tage lang in einer Höhe von rund 270 Kilometern – völlig ungeschützt – den lebensfeindlichen, im Weltraum herrschenden Bedingungen trotzen mussten. Erstaunlicherweise überstanden die meisten Tiere sowohl extreme Kälte als auch Vakuum und kosmische Strahlung ohne größere Probleme. Einigen Exemplaren der Bärtierchen konnten sogar die ultravioletten Sonnenstrahlen, die im All 1000-fach stärker sind als auf der Erdoberfläche, nichts anhaben. Nach ihrer Rückkehr auf die Erde konnten sich die überlebenden Tiere sogar fortpflanzen. Nach Ansicht der Wissenschaftler war das ein Zeichen dafür, dass die kleinen Überlebenskünstler nicht nur sich selbst, sondern auch ihr Erbgut schützen konnten. Das Überleben unter diesen extremen Umweltbedingungen verdanken die Bärtierchen ihrer Fähigkeit zur Kryptobiose – einem seltsamen Zustand zwischen Leben und Tod, bei dem die Stoffwechselvorgänge der Tiere auf ein Minimum reduziert sind.

Die Panzer der Antike

In der Antike waren sie die lebendigen Vorfahren unserer heutigen Kampfpanzer: Kriegselefanten. Die riesigen Tiere zogen in der Tat wie wandelnde, waffenstarrende Festungen in den Kampf: An den Stoßzähnen trugen die Elefanten Metallspitzen. Am Rüssel wurden oft Schwerter befestigt und gegen Beschuss mit Pfeilen waren die grauen Riesen mit schweren Decken gepanzert. Eine Panzerung aus Metall stieß bei den Dickhäutern dagegen auf wenig Gegenliebe. Auf dem Rücken der Kolosse waren oft auch hölzerne Plattformen angebracht, von denen aus Bogenschützen oder Lanzenschleuderer die gegnerische Infanterie bequem von oben bekämpfen konnten. Klar, dass schon allein der Anblick solcher Kriegselefanten bei den gegnerischen Armeen, die oftmals zuvor noch niemals einen Elefanten gesehen hatten, Angst und Schrecken auslöste.

Kriegselefanten wurden meist eingesetzt, um ähnlich wie ein Rammbock in die gegnerischen Linien einzudringen, sprich die Schlachtformation der gegnerischen Truppen aufzubrechen.

Gesteuert wurden die Elefanten, wie dies auch heute oft noch der Fall ist, mit einem sogenannten „Elefantenhaken", einem rund 70 Zentimeter langen Metallstab, an dessen Ende sich ein Widerhaken mit einer Spitze befindet. Neben diesem Elefantenhaken hatten die Führer der Kampfelefanten aber oft noch ein Stemmeisen und einen Hammer dabei – und zwar für den Fall, dass ein Elefant in Panik geriet, unkontrollierbar wurde und die eigenen Truppen angriff. Dann konnte mithilfe des Hammers das Stemmeisen in die Wirbelsäule getrieben, das

Rückenmark des Tieres durchtrennt und so der Amoklauf des außer Rand und Band geratenen Kolosses rechtzeitig gestoppt werden.

Eingesetzt wurden Kriegselefanten vor allem von den Persern in den Kriegen gegen Alexander den Großen und von den Karthagern in den Punischen Kriegen gegen die Römer. Geradezu legendär ist die Alpenüberquerung des karthagischen Feldherren Hannibal mit 37 Kampfelefanten, darunter seinem Lieblingselefanten Surus (lat: der Syrer). Aber auch Inder, Khmer und Thais griffen bei Kampfhandlungen immer wieder auf Kampfelefanten zurück.

Die Ausbildung der Kampfelefanten war den Überlieferungen nach relativ kompliziert und langwierig, da es sich bei Elefanten eigentlich um von Natur aus eher sanftmütige Tiere handelt. Übrigens fanden ausschließlich männliche Tiere als Kriegselefanten Verwendung, da die Erfahrung lehrte, dass man weibliche Tiere selbst unter Einfluss von Drogen und Alkohol kaum dazu bewegen konnte, gegnerische Truppen anzugreifen.

Aber auch Kampfelefanten waren nicht unbesiegbar. Zu einem besonders wirksamen, aber auch sehr brutalen Gegenmittel gegen Kriegselefanten griffen bereits vor über 2200 Jahren die Einwohner der griechischen Stadt Megara in der Schlacht gegen die Mazedonier. Sie übergossen Schweine mit Öl, setzten diese in Brand und trieben diese armen, lauthals quiekenden Borstentiere gegen die feindlichen Elefanten. Diese gerieten daraufhin völlig in Panik und trampelten die eigenen Leute nieder.

In Europa fand der Einsatz von Kriegselefanten allerdings bereits in der Antike ein rasches Ende. Der letzte große Einsatz der gefürchteten grauen Riesen fand 46 v. Chr. im Römischen Bürgerkrieg in der Schlacht von Thapsus statt. Im Verlauf dieser Schlacht wurden die Kriegselefanten des republikanischen Feldherren Metellus Scipio vom Pfeilhagel der Bogenschützen Julius Caesars derart in Panik versetzt, dass sie nicht die feindlichen, sondern die eigenen Reihen attackierten und so letztendlich einen großen Beitrag zur Niederlage Scipios leisteten.

In Asien dagegen verzichtete man erst mit dem Aufkommen der Schwarzpulverwaffen auf die Verwendung von Kampfelefanten. Nachdem bereits eine gut gezielte Musketenkugel, ganz zu schweigen von einer Kanone, einen Elefanten niederstrecken konnte, entschied sich – zum Glück für die Tiere – kaum noch ein Heerführer dafür, die grauen Riesen in der Schlacht einzusetzen.

Tierische Spione –
Pleiten, Pech und Pannen

Es waren ausgerechnet deutsche Militärs, die vor etwas mehr als 100 Jahren den ersten ernsthaften Versuch unternahmen, Tiere zu Spionagezwecken einzusetzen: Mit Kameras ausgerüstete Brieftauben sollten, als eine Art Fernaufklärer, im Überflug feindliche Stellungen auskundschaften. Das war zumindest die Theorie. Die in der Praxis erzielten Resultate waren dagegen eher ernüchternd: Die via Taube geschossenen Luftbilder waren meistens unscharf und wirkten durch die Weitwinkelobjektive auch noch reichlich verzerrt. Erschwerend kam hinzu, dass die geflügelten Spione häufiger einfach keine Lust hatten, auf Erkundungsflüge zu gehen, und oft stundenlang ungerührt auf einem Kirchturm saßen, anstatt Luftaufnahmen von gegnerischen Schützengräben zu liefern. Letztendlich waren die Resultate der Fernaufklärung per Taube derart unbefriedigend, dass die deutschen Militärs das Projekt „Taubenfernaufklärer" bald ad acta legten. Später übernahmen Flugzeuge die Luftaufklärung und konnten das auch wesentlich besser.

Der nächste Fehlschlag in Sachen tierische Spione kam in den 1960er-Jahren, als „Acoustic Kitty" auf den Plan trat. Acoustic Kitty war ein streng geheimes Spionageprojekt der CIA. Ziel der US-Geheimdienstler war, wie es damals so schön hieß, eine „optimierte" Hauskatze zu schaffen. Eine technisch veränderte Mieze, die sie in die Lage versetzen sollte, russische Botschaften oder möglicherweise sogar den Kreml selbst auskundschaften zu können. Um dieses doch recht ambitionierte Ziel zu erreichen, wurden deshalb einer bedauernswerten Katze in einem einstündigen Eingriff Mikrofone in die Ohren implantiert, ein Funksender in den Schädel und ein Draht als Antenne in den Schwanz eingebaut. Mittels dieser unschönen chirurgischen Eingriffe sollte die „optimierte" Mieze in die Lage versetzt werden, Gespräche zu belauschen und per Funk zeitgleich an einen in der Nähe positionierten Empfänger mit Aufnahmegerät weiterzugeben.

Ganz billig war die ganze Sache nicht. Die CIA ließ sich das Projekt „Acoustic Kitty" immerhin stolze 23 Millionen Dollar kosten – in den 1960er-Jahren eine doch recht stattliche Summe. Aber leider wurden diese 23 Millionen im wahrsten Sinne des Wortes für die Katz ausgegeben.

Unglücklicherweise wurde die erste mit Abhörgeräten ausgerüstete Mieze schon bei ihrem ersten ernsthaften Testlauf – sie sollte in einem Park zwei Mitarbeiter der sowjetischen Botschaft belauschen – von einem Taxi überfahren. Von diesem Zeitpunkt kursieren zwei unterschiedliche Versionen vom weiteren Schicksal der Spionagekatze. Die etwas Glaubhaftere besagt, dass die Katze sofort tot war. Nach einer anderen, tierfreundlicheren Version überlebte die Katze den Unfall schwerverletzt, erholte sich jedoch und durfte, nachdem man ihr den ganzen Spionage-Schnick-Schnack wieder entfernt hatte, fortan ein geregeltes Leben als stinknormale Katze führen. Das Projekt „Acoustic Kitty" wurde nach dieser Pleite ziemlich zügig beerdigt. Die CIA hatte letztendlich das herausgefunden, was alle Katzenbesitzer den Spionen schon vorher hätten sagen können: Katzen lassen sich einfach nicht darauf trainieren, auf Befehl zu bestimmten Orten zu gehen und dort auch zu bleiben. Dafür sind die Miezen viel zu eigensinnig.

Aber keineswegs alle tierischen Spione waren oder sind derart erfolglos. Eine äußerst erfolgreiche tierische Spionage findet schon seit einigen Jahrzehnten unter Wasser statt: Sowohl in den USA als auch in Russland werden seit den 1960er-Jahren in streng geheimen Trainingszentren in San Diego, respektive in Sewastopol, Delfine und Seelöwen zu einer Art maritimer Unterwasserspione ausgebildet. Beide

Meeressäuger sind für diese Aufgabe ausgesprochen gut geeignet. Bei beiden Tierarten handelt es sich nicht nur um exzellente Taucher, sondern auch um Tiere, die hochintelligent, äußerst gelehrig und zudem mit einem hervorragenden Ortungssinn ausgestattet sind.

Die mit hochauflösenden Kameras ausgerüsteten Meeressäuger sollen Informationen aus feindlichen Hafenbecken beschaffen und dank ihres hervorragenden Ortungssinns feindliche Kampfschwimmer oder Minen aufspüren.

Apropos „Spionagedelfine": Im August 2015 verbreiteten europäische Medien eine Meldung der palästinensischen Zeitung „al-Quds", wonach Kampftaucher der palästinensischen Hamas einen mit einer Kamera und mit einer „Vorrichtung, mit der Pfeile abgeschossen werden können", ausgestatteten Delfin in Gewahrsam genommen hatten. Das Delfin-Equipment legte nach Aussage von Hamas-Sprechern den Verdacht nahe, dass der Meeressäuger im Auftrag des israelischen Geheimdienstes Mossad das Training der palästinensischen Marinekommandos ausspionieren sollte.

Generell ist es immer wieder der sagenumwobene israelische Geheimdienst, der in den Ländern des Vorderen Orients unter Generalverdacht steht, sich tierischer Spione zu bedienen. So tauchten in den letzten Jahren immer wieder Medienberichte auf, wonach sowohl in Saudi-Arabien als auch im Sudan, in Ägypten und in der Türkei wiederholt mit GPS-ausgerüstete Vögel festgenommen worden waren, die im Verdacht standen, Spionage für Israel zu betreiben. Und als ob das alles nicht genug wäre, meldete 2007 die iranische Nachrichtenagentur Irna, dass 14 „mit modernster westlicher Spionagetechnik ausgerüstete" Eichhörnchen im Iran unter Arrest gestellt worden waren. Eichhörnchen, die, so die Meldung, natürlich ebenfalls im Auftrag Israels gehandelt hätten. Bei diesen doch etwas obskuren Meldungen ist wohl auch reichlich Paranoia im Spiel. Ging man den Meldungen etwas genauer auf den Grund, stellte sich in den allermeisten Fällen heraus, dass die mit GPS ausgerüsteten angeblichen Spione lediglich an Studien über Vogelwanderungen teilgenommen hatten. Will heißen, sie wurden für zivile und nicht für militärische Zwecke eingesetzt. Und ein Geheimdienst, der auf Eichhörnchen als Spione angewiesen ist, das wäre ja nicht nur ein technologischer Offenbarungseid Israels.

Aber wie sieht die Zukunft aus? Wird es auch künftig tierische Spione geben? Oder werden sie durch hochmoderne Technik ersetzt werden?

Die Experten sind sich sicher, dass die Zukunft der tierischen Spionage wohl in der Kombination aus Tier und moderner Technik, in sogenannten „Cyborgs", liegt. So versucht etwa seit 2006 die „Defense Advanced Research Projects Agency" (DARPA), eine Behörde des Verteidigungsministeriums der Vereinigten Staaten, die Forschungsprojekte für die Streitkräfte durchführt, Insekten zu steuerbaren Cyborgs zu modifizieren, die später einmal für Spionagezwecke eingesetzt werden sollen. Die US-Army ist zwar bereits im Besitz von Mini-Drohnen, die man zur Spionage einsetzen kann, aber Stand der Technik heute sind diese Drohnen immer noch deutlich auffälliger als „richtige" Insekten. Mittelfristig wollen die Wissenschaftler die Gehirne von Insekten mit elektronischen Schaltungen versehen, mit deren Hilfe Anwender das Gehirn kontrollieren können, einfach, indem sie seine Verschaltung ändern. Will heißen, man will aus einem Insekt einen „lebenden Roboter", eine Art „steuerbaren Zombie" machen. Bereits 2009 wurde der erste Käfer präsentiert, der sich kabellos in jede gewünschte Richtung steuern lässt. Probleme macht allerdings derzeit noch das Gewicht der für Spionagezwecke unerlässlichen Kamera – allerdings nicht das der Kamera, sondern das der Batterie, die diese mit dem nötigen Strom versorgen soll. Hier ist jedoch möglicherweise eine Lösung in Sicht. Japanische Wissenschaftler haben vor Kurzem einer Kakerlake eine Bio-Brennstoffzelle regelrecht auf den Rücken montiert. Zu dieser Brennstoffzelle stellten sie mit einer vorsichtigen Bohrung durch den Chitinpanzer eine Verbindung zur Körperflüssigkeit des Insekts her und zapften diese an. Anschließend wurde der in der Lymphflüssigkeit enthaltene Zucker in der Brennstoffzelle in Energie umgewandelt und so Strom gewonnen.

Ratten in
humanitärer Mission

Landminen sind eine der größten Geiseln der Menschheit. Weltweit sind nach Angaben der Vereinten Nationen insgesamt circa 110 Millionen Landminen in über 70 Ländern verlegt worden, die Jahr für Jahr mehr als 25 000 Menschen töten, verletzen oder verstümmeln. Allein in Mosambik sind seit Ende des 16-jährigen Bürgerkrieges fast 10 000 Menschen Minen oder Blindgängern zum Opfer gefallen. Die Suche und Beseitigung von Landminen ist jedoch nicht nur eine außerordentlich teure und zeitaufwendige, sondern auch gefährliche Angelegenheit. Deshalb ist man im südlichen Afrika, bei der Suche nach preiswerten Alternativen, vor einigen Jahren im wahrsten Sinne des Wortes auf die Ratte gekommen, genauer gesagt auf die Gambia-Riesenhamsterratte. Diese Ratten sind mit einer Länge (inkl. Schwanz) von bis zu 90 Zentimetern und einem Gewicht von bis zu 4 Kilogramm die größten Ratten der Welt. Ihren Namen verdanken die Tiere, die in den Ländern südlich der Sahara weitverbreitet sind, ihrer Größe und den großen hamsterartigen Backentaschen.

Ausgebildet und eingesetzt werden die Ratten von einer NGO-Organisation namens APOPO, die ihren Sitz in Morogoro in Tansania hat. Die Ratten bringen alles mit, was einen guten Minensucher ausmacht: Sie verfügen über einen exzellenten Geruchssinn, der sie befähigt, auch winzige Sprengstoffmengen zu erschnüffeln, und sind so leicht, dass sie bequem über vermintes Gelände laufen können, ohne eine Detonation auszulösen. Gegenüber den üblicherweise als tierische Minensucher eingesetzten Spürhunden haben die Riesenratten mehrere Vorteile: Sie lernen schneller, beanspruchen weniger Futter und sind auch leichter zu handeln.

Zudem sind sie kaum anfällig für tropische Krankheiten. Das Prinzip der Minensuche via Ratte ist vergleichsweise simpel: Hat einer der als Minensucher ausgebildeten Nager eine Mine erschnüffelt, stoppt er an der Fundstelle und beginnt, eifrig mit den Vorderpfoten zu scharren. Die aufgespürte Mine muss dann nur noch von menschlichen Experten entschärft werden. Die Suche geht dabei relativ schnell vonstatten. Um eine sogenannte „Box" von 200 Quadratmetern abzuschnüffeln, braucht eine Ratte kaum länger als 45 Minuten. Um kein Risiko einzugehen, lassen die Betreuer der Ratten jedoch jedes Minenfeld immer von zwei, besser von drei Tieren überprüfen.

Ausgebildet werden die Riesenhamsterratten an der Sokoine-Universität für Landwirtschaft in Tansania. Dort werden den gelehrigen Nagern zu Beginn des Trainings zunächst Proben mit und ohne Sprengstoff (TNT) vorgesetzt. Kratzen die Ratten an einer sprengstoffhaltigen Probe, werden sie mit Futter (leckeren Bananenstückchen) belohnt. Diese Basisübung wiederholen die Ausbilder so oft, bis die Ratten in der Lage sind, selbst kleinste Sprengstoffspuren sicher orten zu können. Erst dann geht es zu Trainingseinheiten ins freie Feld, wo die Ratten auf einer extra angelegten Übungsparzelle lernen, „echte" Minen zu suchen und als solche zu identifizieren. Auf insgesamt 240 000 Quadratmetern Trainings- und Testgelände können sich Ratten und Trainer an 1500 vergrabenen, aber bereits entschärften Landminen versuchen. Die Ausbildung zum tierischen Minensucher dauert gerade mal 6 bis 8 Monate, da die Riesenhamsterratten über eine äußerst hohe Lernfähigkeit verfügen.

Für einen „echten" Einsatz auf einem Minenfeld mit scharfen Minen werden die Riesenratten, gemäß den internationalen Standards bei der Minenräumung (IMAS), erst zugelassen, wenn sie in einer Prüfung eine 100-prozentige Erfolgsrate beim Aufspüren der Minen vorweisen können.

Die bisherige Bilanz von APOPO in Sachen Minenräumen kann sich durchaus sehen lassen. Insgesamt hat die tansanische NGO-Organisation mithilfe der Ratten in Mosambik fast 2000 Landminen, 1000 Blindgänger sowie 12 000 Handfeuerwaffen und Munition unschädlich machen können und dadurch über 6 Millionen Quadratmeter zuvor vermintes Land wieder für die Bevölkerung zugänglich gemacht. Eine Fläche, die immerhin fast 1000 Fußballfeldern entspricht.

So ist es wohl zu einem guten Teil der „Schnüffelleistung" der gelehrigen Riesenratten zu verdanken, dass der Außenminister von Mosambik sein Land 2015 voller Stolz als „weitestgehend landminenfrei" erklären konnte.

Arbeitslos sind die „Hero-Rats" (Heldenratten), wie die Ratten im südlichen Afrika gerne bezeichnet werden, durch ihren Erfolg in Mosambik allerdings nicht geworden. Mittlerweile werden die Tiere auch in Thailand, Kambodscha und Laos sehr erfolgreich zur Minensuche eingesetzt.

Doch auch wenn diese Länder eines Tages „dank" der vierbeinigen Schnüffler minenfrei sein sollten, gibt es für die Ratten immer noch genug zu tun: In über 70 Staaten auf dieser Welt sind noch einige größere Landflächen vermint.

Adler als Drohnenjäger

In jüngster Zeit haben Drohnen einen gewaltigen Boom erlebt. Militärs, Fotografen, Paketzusteller und Privatleute nutzen immer stärker die Miniflieger. Aber Drohnen können auch zu einer Bedrohung werden, wenn sie mit Flugzeugen zusammenstoßen oder, mit Sprengstoff beladen, für gezielte Terroranschläge auf Atomkraftwerke und andere attraktive Ziele verwendet werden. Aus diesem Grund treiben die Behörden zahlreicher Staaten die Entwicklung diverser Drohnenabwehrsysteme massiv voran. Eine amerikanische Firma setzt dabei auf Laserkanonen, Airbus forscht an Störsendern und die japanische Polizei setzt Drohnen ein, die andere Drohnen mit Netzen fangen.

Die französische Luftwaffe möchte Drohnen auf eine andere Art und Weise bekämpfen. Die Militärs wollen auf Hightech verzichten und stattdessen zu animalischer Lowtech greifen: Adler sollen künftig gefährliche Drohnen, die den Flugverkehr von Militärflughäfen stören, vom Himmel holen. Deshalb werden zurzeit in Mont-de-Marsan, im Südwesten Frankreichs gelegen, vier junge Steinadler zu Drohnenabfangjägern ausgebildet. Die Steinadler, nach den unsterblichen Musketieren Alexandre Dumas d'Artagnan, Aramis, Athos und Porthos getauft, wurden ausgewählt, weil sie als einzige europäische Greifvögel mit einer Flügelspannweite von über 2 Metern und einem Kampfgewicht von bis zu 5 Kilogramm groß und robust genug sind, um eine bis zu 4 Kilogramm schwere Drohne vom Himmel zu holen.

Das Training der Adler gestaltet sich relativ einfach. Die Trainer, ausgebildete Falkner, servierten bereits den noch wenige Tage alten

Jungadlern ihre Nahrung auf ausgedienten Drohnen. Später befestigten sie einfach an den Drohnen kleine Fleischbrocken. Auf diese Weise lernen die Greifvögel, die Drohnen als lohnende Beute zu betrachten. Zusätzlich wird jeder Adler, der eine Drohne vom Himmel gepflückt hat, mit einem Extra-Fleischbrocken belohnt. Vor den Rotoren der Drohne brauchen sich die Adler nicht zu fürchten: Ihre Füße sind durch harte Schuppen geschützt.

Die französische Luftwaffe hat in Sachen Drohnenabwehr durch Adler aber noch mehr vor: Die gewaltigen Raubvögel sollen künftig nicht nur zum Schutz von Flughäfen und Atomkraftwerken eingesetzt werden, sondern auch Fußballspiele, Open-Air-Konzerte oder etwa die große Militärparade am französischen Nationalfeiertag schützen. Allerdings muss den Adlern dafür noch beigebracht werden, über großen Menschenmengen zu agieren. Die Luftwaffe scheint sich jedoch ihrer Sache ziemlich sicher zu sein. Sonst hätte sie wohl kaum bei einem Züchter vier weitere Jungadler geordert.

In anderen Ländern wird es übrigens wahrscheinlich sehr bald Kollegen von d'Artagnan und Co. geben. Auch bei der Genfer Polizei werden gerade zwei Adler als gefiederte Drohnenjäger ausgebildet. Auch Brandenburgs CDU-Landtagsfraktion hat Pressemeldungen zufolge vehement die Einführung einer Adlerstaffel bei der Polizei zur Abwehr von Terrordrohnen gefordert.

Allerdings gibt es auch Rückschläge in Sachen Adlerdrohnen. 2016 begann das Unternehmen „Guard from Above" im Gewerbegebiet von Den Haag im Auftrag der niederländischen Polizei Adler abzurichten, die später einmal „feindliche" Drohnen, die zu Spionage- oder Schmuggelzwecken, aber auch für terroristische Anschläge genutzt werden, vom Himmel pflücken sollten. Allerdings wurde dieses Projekt nur ein Jahr später wieder eingestellt. Nach Aussage des Unternehmens war die Ausbildung der Tiere zu aufwendig und zu teuer gewesen. Außerdem jagten die Adler nur Drohnen, wenn sie hungrig waren. Last, but not least hatte man Angst, die Adler könnten sich vielleicht doch an den Propellern größerer Drohnen verletzen. Die gescheiterten Drohnenadler befinden sich im Augenblick in einer Art Vorruhestand in diversen Tierheimen.

Aber manche Adler müssen auch gar nicht ausgebildet werden, um Drohnen vom Himmel zu holen. Das mussten in den vergangenen Jahren die Betreiber der im westlichen Australien gelegenen Goldmine St. Ives erfahren. Die Goldsucher setzen dort regelmäßig Drohnen ein, um 3-D-Karten ihres riesigen Areals zu erstellen. Die Drohnen wurden jedoch in der Vergangenheit bei ihren Erkundungsflügen immer wieder von Keilschwanzadlern attackiert und oft auch vom Himmel geholt. Das hat einen einfachen Grund: Keilschwanzadler sind sehr territoriale Tiere. Eine Drohne wird von den riesigen Vögeln daher als Feind angesehen, der ihnen ihr Revier streitig machen will, und daher sofort attackiert. Von der Größe her ist das kein Problem: Keilschwanzadler haben eine Flügelspannweite von über 2,30 Metern. Die Flügelspannweite einer Drohne beträgt gerade mal 1 Meter.

Und das geht ins Geld: In den letzten Jahren zerstörten die Adler 9 Drohnen und das bei einem Stückpreis von 14000 Euro inklusive Kameraausrüstung. Um die Verluste zu minimieren, versuchten die Minenbetreiber zunächst, die Adler mithilfe von Farbsprühdosen auszutricksen. Sie besprühten die Drohnen mit Tarnfarbe oder in Regenbogenfarben, um die Adler zu verwirren. Aber die Adler ließen sich lediglich kurze Zeit täuschen und griffen bald darauf auch die bemalten Drohnen an. Mittlerweile hat man eine andere, bessere Taktik gewählt. Man führt einfach die Drohnenerkundungsflüge außerhalb der üblichen Flugzeit der Keilschwanzadler durch. Die Greifvögel fliegen bevorzugt in der heißen Mittagszeit, denn dann herrscht eine fürs Fliegen günstige Thermik. Die Drohnen starten deshalb jetzt am frühen Morgen.

Die Raubvogelpolizei
des Kremls

Im Kreml, dem weltberühmten Amtssitz des Präsidenten der Russischen Föderation, gibt es gefiederte Gäste, die dort ausgesprochen ungern gesehen werden: Rabenkrähen, die sich in der russischen Machtzentrale schon seit vielen Jahren zu einer regelrechten Plage entwickelt haben. Eine Tatsache, die mit den doch sehr speziellen Neigungen der schwarzgefiederten Vögel zusammenhängt. Krähen lieben ja bekanntermaßen alles, was glänzt. Außerdem sind sie sehr verspielt und äußerst neugierig. Daher kommen den Krähen die mit Blattgold überzogenen Kuppeln der Türme der Kremlkathedralen gerade recht. Das Blattgold übt eine geradezu magische Anziehungskraft auf die Krähen aus. Und jetzt wird es zerstörerisch oder besser gesagt teuer: Die Kreml-Krähen knabbern mit großem Vergnügen nicht nur den lieben langen Tag das Blattgold von den Turmkuppeln ab, sondern sie nutzen die goldenen Kuppeln auch unermüdlich als Spielplatz. Nichts bereitet den Rabenvögeln mehr Spaß, als sich auf den höchsten Punkt der Turmkuppel zu setzen und, ähnlich wie beim Schlittenfahren, die glatte Blattgoldschräge der Kuppel mit rudernden Flügeln herunterzurutschen. Das wäre ja noch nicht weiter schlimm, aber leider kratzen die gefiederten Schlittenfahrer beim Bremsen unbarmherzig das Blattgold mit ihren Krallen ab. Die Schäden gehen schnell in die Tausende und, da die Kremlverwaltung nicht jedes Jahr viel Geld für die Restauration der Kuppeln aufwenden wollte, musste sie der geflügelten Plage aufs Gefieder rücken. Kein ganz einfacher Job: Schließlich gehören die schwarzen Vögel neben Menschenaffen und Delfinen zu den cleversten Tieren überhaupt. Zudem sind die Rabenkrähen geradezu notorisch misstrauisch und verfügen obendrein über ein unheimliches Gespür, wenn es um ihre eigene Sicherheit geht. Mit konventionellen Methoden war den Krähen deshalb nicht beizukommen – und was hatte die Kremlverwaltung jahrelang nicht alles probiert, um die unbeliebten Besucher loszuwerden. Die Mittel der Wahl waren in der Vergangenheit akustische und optische Vogelscheuchen, Fallen und Gift. Natürlich hat man auch versucht, die gefiederten Plagegeister einfach abzuschießen. Alles viel zu plump für die cleveren Krähen: Die Lichtblitze zur Vergrämung und die akustischen Vogelscheuchen identifizierten die Rabenvögel sehr schnell als „harmlos". Fallen und Giftköder ließen sie links liegen und blieben mit einer geradezu aufreizenden Lässigkeit stets genau außerhalb der Schussweite der professionellen Jäger. Nach all diesen Pleiten, Pech und Pannen hatte ein Mitarbeiter der Kreml-Kommandantur eine zündende Idee: Warum nicht einfach Raubvögel, die natürlichen Feinde der Rabenvögel, als eine Art gefiederter Krähenabfangjäger einsetzen? Eine Idee, die Folgen hatte: 1973 wurde der sogenannte „Ornithologische Dienst" des Kremls ins Leben gerufen. In den Anfängen setzte man beim Ornithologischen Dienst Falken als professionelle Krähenjäger ein – allerdings nur mit mäßigem Erfolg. Letztendlich erwiesen sich Habichte als besonders geeignet für die Rabenjagd zwischen den Türmen des Kremls und so besteht der Ornithologische Dienst heute aus zehn Hühnerhabichten. Die Greifvögel, die im Tajnitzkij-Garten des Kremls untergebracht sind, werden immer früh morgens auf die Jagd geschickt, wenn sich noch keine Touristen im Kreml aufhalten. Entdeckt ein Habicht auf seinem Patrouillenflug eine Krähe, attackiert er sie sofort. Ein Angriff, der in den meisten Fällen dafür sorgt, dass auch viele andere Krähen den Kreml zumindest für eine gewisse Zeit als lebensgefährliche No-Go-Area meiden.

Auch in den Nachtstunden bleibt der Kreml nicht unbewacht, denn dann nimmt Uhu „Filja" seinen Dienst als Krähenabfangjäger auf. Natürlich sind alle geflügelten Mitarbeiter des Ornithologischen Dienstes gechippt und können mithilfe eines Telemetrie-Systems jederzeit geortet werden.

Neben ihrer Tätigkeit als Rabenjäger haben die geflügelten Mitarbeiter des Ornithologischen Dienstes auch noch eine repräsentative Aufgabe zu erfüllen: Zur Freude der Zuschauer nehmen sie und ihre in prachtvolle Uniformen gekleideten Betreuer jeden Samstag um 11 Uhr an der Gardezeremonie auf dem Sobornaja-Platz im Kreml teil.

Die Affenschule
von Surat Thani

Kokosnüsse zu ernten, ist für uns Menschen eine mühselige, ziemlich anstrengende und vor allem auch nicht ganz ungefährliche Angelegenheit: Mit speziellen Hilfsmitteln ausgerüstete Kokospalmenkletterer müssen den Stamm der Palme emporklettern, um dann in schwindelnder Höhe mit langen Messern die begehrten Früchte vom Baum zu schlagen. Während auch ein sehr sportlicher Mensch mit großer Mühe gerade 300 Kokosnüsse pro Tag ernten kann, schafft es ein gut trainierter Affe, täglich weit über 1000 der begehrten Früchte vom Baum zu pflücken. Das Pflücken der Kokosnüsse lernen die Affen in der berühmten Affenschule von Surat Thani in Thailand.

Bei den langarmigen „Schülern" der Affenschule handelt es sich um Schweinsaffen, eine Affenart aus der Familie der Makaken, die ihren Namen ihrem kurzen Stummelschwanz verdanken. Einem Stummelschwanz, der auf den ersten Blick an das Ringelschwänzchen eines Schweins erinnert. Die Affen werden als Jungtiere von ihren späteren Arbeitgebern, meistens Eigentümern von Kokosnussplantagen, sozusagen als eine Art Internatsschüler in der Affenschule abgegeben. Die Schüler in spe stammen entweder aus der eigenen Zucht oder aus speziellen Zuchtbetrieben. Hin und wieder fangen Bauern aber auch im Dschungel freilebende Affen, obwohl das in Thailand eigentlich streng verboten ist. Die offizielle Lesart lautet dann meistens: „Der Affe ist mir zugelaufen und ich war so freundlich und hilfsbereit und habe das Tier in Pflege genommen."

Die Ausbildung erfolgt nach einem strengen Prozedere: Potenzielle Schüler werden zunächst etwa über einen Zeitraum von drei Monaten beobachtet, wie geschickt und lernfähig sie sich beim Spiel mit den anderen Affen anstellen. Erst dann entscheidet der Affentrainer, ob eine Ausbildung überhaupt sinnvoll ist.

Generell macht man sich bei der Ausbildung der Affen die Tatsache zunutze, dass Schweinsaffen von Natur aus sehr neugierig sind und mit großem Vergnügen Handlungen exakt nachahmen, die ihnen andere – egal ob Affe oder Mensch – vormachen. Zunächst einmal lernen die Affen durch Zuschauen, später heißt es dann Learning by doing. Geübt wird morgens eine halbe Stunde und mittags eine halbe Stunde. Das allererste, was ein tierischer Kokosnusspflücker in spe in der Affenschule lernt, ist die Arbeit an der Kokosnuss. Er muss lernen, Kokosnüsse, die an einem dünnen, aber äußerst zähen Strang an der Palme hängen, so lange und so geschickt in eine Richtung zu drehen, bis der Strang reißt und die Nuss herunterfällt. Aus diesem Grund legt der Trainer zu Beginn der Ausbildung zunächst beide Hände auf eine Kokosnuss und ermuntert durch Gesten seinen tierischen Schützling, ebenfalls seine Pfoten auf eine Kokosnuss zu legen. Anschließend lernt der Affe, auch durch Nachahmung, die Kokosnüsse zu drehen – zunächst mittels einer Art Trockenübung an einer Kokosnuss, die an einer Stange befestigt ist.

Sitzt diese Basisübung, geht es in der nächsten Übung darum, die Kokosnüsse möglichst schnell rotieren zu lassen, damit die Affen später einmal möglichst viele Kokosnüsse am Tag ernten können. Schließlich ist für ihre Besitzer Zeit Geld. Nun wird der Ernstfall geprobt. Die Makaken klettern angeleint auf die rund 10 Meter hohen Kokosnusspalmen, pflücken die Früchte und werfen sie auf den Boden, wo sie von ihren Betreuern eingesammelt werden. Und die Affen müssen vor allem lernen, ihre Leine zu entwirren, wenn diese sich mal im Baum verfangen hat. Es ist ganz wichtig, dass die Makaken dabei cool bleiben und nicht in Panik verfallen, weil sich ansonsten die Leine völlig verwurstet und die Trainer bzw. später die Besitzer dann selbst auf die Palme klettern müssen, um ihren Schützling zu befreien.

Die „Schulzeit" der Affen ist davon abhängig, ob die Affen nur die Volksschule oder auch das Gymnasium besuchen. Je nach Intelligenzgrad und Lernfähigkeit werden manche Affen bereits nach 6 Monaten oder, wenn die besonders Begabten noch die höhere Schule besuchen, erst nach 2 Jahren wieder von ihren Besitzern aus der Schule abgeholt.

Die besonders begabten „Schüler" lernen zusätzlich zu ihrer Erntetätigkeit auch noch, die Kokosnüsse in Säcke abzufüllen und auch einen Lastwagen zu beladen. Das sind dann aber wirklich die Stars unter den Ernteaffen. Affen, die im Einzelfall nicht nur 1000, sondern bis zu 1500 Kokosnüsse pro Tag ernten können.

Die Ausbildung eines Volksschülers kostet etwa 150 Euro, für die Ausbildung zum Abitur muss man dagegen immerhin 600 Euro berappen.

Ein Schild im „Monkey Center" von Surat Thani erläutert übrigens weitere Vorteile, die gut trainierte Makaken gegenüber ihren menschlichen Kollegen aufweisen: Affen beschweren sich nicht, haben keine Höhenangst und sind schon gar nicht gewerkschaftlich organisiert.

Der Einsatz von Affen als tierische Erntehelfer ist, vorsichtig formuliert, umstritten. Während die Affenbesitzer nicht müde werden, darauf hinzuweisen, dass sie ihre Tiere wie vollwertige Familienmitglieder behandelten, fordern Tierschutzorganisationen ein Ende der „Affensklaverei". Sie beklagen immer wieder, dass die Tiere oft mit Gewalt zur Arbeit gezwungen werden und auch nur wenig artgerecht gehalten werden.

Allerdings kann Thailands Landwirtschaft kurzfristig kaum auf die insgesamt mittlerweile rund 12 000 ausgebildeten tierischen Erntehelfer verzichten. Schließlich warten in Thailand jährlich immerhin 1,7 Millionen Tonnen Kokosnüsse darauf, geerntet zu werden.

Ein Esel als Schäferhund

Vor vielen Jahren in Deutschland komplett ausgerottet, ist der Wolf bei uns jetzt ganz klar wieder auf dem Vormarsch. Aus Polen eingewanderte Tiere haben mittlerweile in Deutschland stabile Populationen gebildet – Tendenz steigend. Worüber sich Naturfreunde und Tierschützer freuen, kann aber zu einem großen Ärgernis für Schäfer werden. Immer wieder reißen Wölfe Schafe, für einen Wolf eine leicht zu überwältigende Beute. Einige deutsche Schäfer haben sich deshalb mittlerweile einen vierbeinigen Schutz für ihre Schafherden angeschafft – aber nicht etwa einen Schäferhund oder einen anderen geeigneten Hund. Nein, die Schäfer setzen ganz gezielt Esel, sogenannte Herdenschutzesel, zur Verteidigung ihrer Schafherden ein.

Esel haben schon seit ewigen Zeiten mit Vorurteilen zu kämpfen: Dumm, störrisch und faul sollen sie sein. Nichts davon ist wahr. Ganz im Gegenteil: Esel sind intelligent, haben ein gutes Gedächtnis und lernen schnell. Und auch die vielzitierte Sturheit der Esel hat nichts mit Faulheit oder mangelnder Intelligenz zu tun. Vielmehr denken Esel in ungewohnten Situationen offensichtlich einfach etwas genauer nach, bevor sie sich zu übereilten Handlungen hinreißen lassen, die ihnen womöglich schaden könnten – und das braucht eben manchmal seine Zeit.

Esel sind gleich aus mehreren Gründen gute Hütetiere: Zum einen sind sie sehr aufmerksame Tiere. Dazu sind sie mit sehr guten Augen,

einem ausgesprochen feinen Geruchssinn und einem Supergehör aus-
gestattet. Zudem sind Esel sehr territoriale Tiere, die sich gut in eine
Schafherde integrieren und diese bei Angriffen zusammenhalten.
Aber die wichtigste Eigenschaft der Esel ist, dass sie eine angeborene
Abneigung gegen hundeartige Raubtiere besitzen. Eine Eigenschaft,
die einen Einsatz gegen Wölfe durchaus erleichtert.

Zunächst einmal verteidigt ein Esel seine Herde akustisch. Er stößt
geradezu furchterregende Schreie aus, die nicht nur als Alarmschreie
dienen, sondern einen angreifenden Wolf oder sogar einen Bären gewaltig einschüchtern können. Wenn das nicht hilft, werden die Zähne
gefletscht und der Gegner wird mit gezielten Huftritten attackiert –
und die können tödlich sein.

Ein Esel verteidigt seine Schafherde übrigens auch gegen menschliche Diebe sehr erfolgreich. Für den Dieb kann das, dank der kräftigen Huftritte, ganz schlecht ausgehen.

Ein Esel kann sogar einen Menschen töten. In Ungarn haben vor
einigen Jahren zwei Esel einen Motoradfahrer, der ihnen zu nahe gekommen ist, vom Motorrad gerissen und dann totgebissen bzw. mit
den Hufen totgetreten.

Esel als Herdenschutztiere, das ist ein ziemlich alter Hut. Schaf-
hirten kennen schon lang die Qualitäten von Eseln als Hütetiere. Und
das gilt weltweit: Zum Beispiel schützt man in Namibia Schafe und
Ziegen mithilfe von Eseln vor Geparden, in der Schweiz schützen Esel
Schafe vor Luchsen und Füchsen und in Kanada sollen die Langohren
Kojoten auf Distanz halten.

Nicht alle Esel eignen sich grundsätzlich zum Herdenschutzesel,
denn der Herdenschutzinstinkt ist nicht bei allen Eseln gleich stark
ausgeprägt. Man kann das aber vorher testen – zum Beispiel, indem
man einen Esel auf einer Schafweide mit einem aggressiven großen
Hund konfrontiert. Erschwerend kommt noch hinzu, dass wohl ab
und an auch Esel anfangen, ihre Schutzbefohlenen zu mobben. So
beobachteten Forscher im Schweizer Kanton Wallis, dass einige Herdenschutzesel nicht nur den Schafen Löcher in die Wolle bissen, son-

dern auch die Schafböcke daran hinderten, sich mit den Weibchen zu paaren.

Die Frage, ob zum Schutz einer Herde ein einziger Esel genügt oder man mehrere braucht, ist eine knifflige Angelegenheit. Ein einzelner Esel kann sich meistens besser in eine Schafherde integrieren. Dadurch fühlt er sich der Herde stärker zugehörig und damit wächst seine Bereitschaft, „seine Herde" zu verteidigen. Das gilt vor allem für Esel, die seit frühster Kindheit zusammen mit Schafen aufgewachsen sind. Allerdings kann ein einzelner Esel nicht immer allein mit einem hungrigen Wolf fertig werden, sondern kann sogar selbst zur Beute werden. Mehrere Esel gemeinsam können dagegen locker einen Wolf vertreiben. Aber zu viele Esel sollten es auch wieder nicht sein. Nach Beobachtungen von Schweizer Forschern hingen die Esel dann lieber gemeinsam ab und vernachlässigten ihre Pflichten als Herdenschützer sträflich. Sie wirkten, so die Aussage eines Experten, „wie ein Trupp pflichtvergessener, rauchender Söldner".

In der Anschaffung ist ein Esel nicht teuer: Ein Esel kostet je nach Alter und Geschlecht zwischen 300 und 1000 Euro. Die Unterhaltskosten pro Monat (inkl. Fell- und Hufpflege, Impfungen und Entwurmungen) liegen bei etwa 150 Euro.

Nicht alle Schäfer verzichten zugunsten von Eseln auf Hütehunde. Aber Hunde sind in einigen Gebieten von Naturschützern und Jägern nicht gerne gesehen, da sie sich manchmal an den Nestern von bodenbrütenden Vögeln vergreifen. Außerdem braucht ein Hütehund eine Ausbildung, ein Esel nicht. Und ein Esel ist wehrhafter als die meisten Hundearten.

Flughafenbienen

Bienen, die als Umweltpolizisten arbeiten – am Flughafen Hamburg ist dies bereits seit fast 20 Jahren Realität. Die Flughafenverwaltung des größten Flughafens Norddeutschlands schickt jedes Jahr rund 70 000 der fleißigen Honigsammlerinnen als geflügelte „Biodetektive" in Sachen Luftverschmutzung auf Streife. Mithilfe der Bienen wird überprüft, inwieweit der Flugverkehr die Luftqualität rund um den Airport beeinflusst. Bienen eignen sich für diesen Zweck besonders gut, da sie Schadstoffe aus belasteten Pflanzen über die Nektar- und Pollenfracht aufnehmen können. Und da die fleißigen Insekten ihre Nahrung im Umkreis von bis zu 3 Kilometern suchen, kann man durch Untersuchungen des Honigs im Labor schnell möglichen Schadstoffbelastungen in der unmittelbaren Umgebung des Flughafens auf die Spur kommen. Der Honig wird dabei vor allem auf seinen Gehalt an typisch verkehrsbedingten Schadstoffen, wie etwa giftigen Schwermetallen oder den gesundheitsschädlichen polyzyklischen aromatischen Kohlenwasserstoffen, die bei der Verbrennung von Kerosin entstehen, untersucht.

Pro Jahr sammeln die „Flughafenbienen" in der näheren Umgebung des Hamburger Airports rund 150 Kilogramm Honig – eine gewaltige Leistung. Schließlich müssen die Bienen für diese Ausbeute mehr als 22 Millionen Flüge absolvieren und dabei etwa 600 Millionen Blüten besuchen.

Da sich das Monitoring mittels „Flughafenbienen" bewährt hat, sind bald andere deutsche und europäische Flughäfen dem Hamburger Beispiel gefolgt und setzen mittlerweile auch gezielt Bienen zur Überwachung der Luftqualität ein. Die Ergebnisse des Bienen-Bio-monitorings waren an allen Flughäfen bisher mehr als zufriedenstel-lend: Die im Honig gemessenen Werte lagen weit unter den von der EU festgesetzten Höchstwerten.

Die Schadstoffüberwachung mittels Bienen hat übrigens einen sü-ßen Nebeneffekt: Der Hamburger „Airporthonig" gilt nach Aussage von Imkern als besonders köstlich. Die immerhin rund 600 Gläser (250 Gramm) des begehrten Honigs, die jährlich gewonnen werden, sind allerdings nicht im Handel erhältlich, sondern werden von der Flughafenverwaltung zu besonderen Anlässen als Präsent verschenkt.

Rent an Ent

Es gibt wohl kaum ein Tier – und das schließt den Maulwurf durchaus mit ein – das bei Hobbygärtnern derart unbeliebt ist wie die Spanische Wegschnecke. Vertilgen die gefräßigen Weichtiere mit großem Appetit doch alles an Grünzeug, was ihnen vor die Raspelzunge kommt. Und da die Schnecken meist gehäuft auftreten, sind oft kahlgefressene Gemüsebeete, geplünderte Erdbeerrabatten oder komplett vernichtete Salatköpfe die Folge ihrer nächtlichen Mahlzeit – da kocht die strapazierte Gärtnerseele.

Für die unerfreuliche Tatsache, dass die Spanische Wegschnecke im Gegensatz zu anderen Schnecken so große Schäden im Garten anrichtet, sind gleich zwei Faktoren verantwortlich. Zum einen hat die Spanische Wegschnecke, anders als andere Nacktschneckenarten, kaum Fressfeinde. Die üblichen Schneckenvertilger wie Amseln, Stare, Maulwürfe oder Spitzmäuse kommen einfach nicht mit dem zähen und ätzenden Schleim, der die Schnecken schützt, zurecht.

Zum anderen sind Spanische Wegschnecken nicht nur äußerst mobil, sondern auch wenig lichtempfindlich und kommen mit Trockenperioden deutlich besser zurecht als andere Schneckenarten. Auch in Sachen Reproduktionsrate sind die „Spanier" überlegen. Ihre Gelege sind mit bis zu 400 Eiern nahezu doppelt so groß wie die ihrer schleimigen Konkurrenz.

Eine erfolgreiche Bekämpfung von Spanischen Wegschnecken gestaltet sich oft ziemlich schwierig. Viele der üblichen, in diversen Gartenzeitschriften publizierten Tipps gegen Schnecken sind gegenüber Spanischen Wegschnecken nutzlos.

So lassen sich mit den berühmt-berüchtigten Bierfallen zwar durchaus einige Exemplare der gefräßigen Weichtiere wegfangen, der Bierduft zieht aber auch Schnecken aus den Nachbargärten an, die sich dann auf ihrem Weg zur Falle auch im eigenen Garten den Bauch vollschlagen und unerwünschterweise auch noch Eier ablegen können.

Gute Erfolge gegen die Spanische Wegschnecke lassen sich dagegen mit sogenannten Molluskiziden, chemischen Schneckenbekämpfungsmitteln, wie etwa Schneckenkorn, erzielen. Molluskizide lehnen aber gerade Besitzer von nach ökologischen Gesichtspunkten gestalteten Gärten wegen ihren oft wenig umweltfreundlichen „Nebenwirkungen" in der Regel ab.

Wer aber auf den Einsatz von Chemie verzichten will, dem bleibt nur noch übrig, die gefräßigen Weichtiere allmorgendlich in mühsamer Kleinarbeit per Hand abzusammeln, seine Beete mit kostenintensiven „Schneckenzäunen" zu schützen oder auf die Hilfsdienste einer „Leihente" zurückzugreifen.

Beim Prinzip der „Leihente" handelt es sich um eine ungewöhnliche Geschäftsidee, die ursprünglich aus Österreich stammt und eine ökologisch völlig unbedenkliche und dennoch erfolgreiche und dabei äußerst preiswerte Art der Schneckenbekämpfung verspricht. Von Wegschnecken geplagte Hobbygärtner können in Deutschland, Österreich und in der Schweiz unter dem Motto „Rent an Ent" bei verschiedenen Anbietern für einen gewissen Zeitraum Indische Laufenten mieten, um den schleimigen Salatvernichtern den Garaus zu machen: Indische Laufenten, manchmal auch unter dem Namen Flaschenenten bekannt, stammen ursprünglich aus Südostasien und wurden Mitte des 19. Jahrhunderts nach Europa eingeführt. Die Enten, die Spanische Wegschnecken für ihr Leben gern verspeisen – die Schnecken sind wegen ihrer schleimigen Konsistenz für sie leicht zu schlucken –, werden immer paarweise vermietet und bleiben so lange bei ihren Leihfamilien, bis deren Garten völlig schneckenfrei ist. Die

Kosten für die Schneckenbeseitigung per Laufente sind mit 10 bis 20 Euro pro Paar und Einsatz durchaus überschaubar.

Die meisten Kunden sind dem Vernehmen nach mit der Arbeitsleistung der Enten mehr als zufrieden und – zumindest nach Aussagen der Vermieter – wachsen einigen „Leihvätern" bzw. „Leihmüttern" ihre gefiederten Helfer sogar derart ans Herz, dass sie sie nach Beendigung des Auftrags eigentlich gar nicht mehr abgeben wollen. Aber es gibt durchaus Kritiker des Leihenten-Prinzips, auch wenn „Rent an Ent" mittlerweile mit mehreren Umweltpreisen ausgezeichnet wurde. Nach Meinung einiger Tierschützer werden beim Entenverleih die Grundbedürfnisse der watschelnden Schneckenvertilger sträflich vernachlässigt. So sind beispielsweise, ihrer Meinung nach, die Enten als echte Gewohnheitstiere von den ständigen Ortswechseln alles andere als begeistert. Oft wird auch vergessen, dass die Tiere eine Zufütterung benötigen. Und der nötige Schwimmteich sowie der mardersichere Stall sind bei vielen Auftraggebern auch nicht vorhanden.

Vierbeinige Altertums-
schnüffler

Haben sie schon einmal etwas von einem Archäologiehund gehört? Nein? Macht nichts! Archäologiehunde gibt es erst seit rund 7 Jahren und weltweit auch nur eine Handvoll.

Ein Archäologiehund ist ein Hund, der darauf trainiert ist, mithilfe seiner Spürnase Knochen, die mehrere hundert Jahre alt sind, in der Erde zu erschnüffeln, und auf diese Weise Archäologen dabei hilft, antike Begräbnisstätten und dergleichen zu lokalisieren.

Nach alten Knochen zu suchen, ist für Hunde, dank ihres außerordentlich guten Geruchssinns, relativ einfach. Hunde können auch sehr alte Gerüche erkennen und unterscheiden. Dafür ist zum einen die hohe Anzahl der Riechzellen (siehe Seite 15) verantwortlich. Zum anderen kommt es aber auch auf die Größe des sogenannten „Riechhirns" an. In diesem Teil des Gehirns werden die Meldungen in Sachen Geruch verarbeitet, ausgewertet und gespeichert. Bei uns Menschen macht die Größe des Riechhirns nur etwa 1 Prozent des gesamten Gehirns aus, beim Hund dagegen stolze 10 Prozent. Aus den genannten Gründen ist das Riechvermögen des Hundes etwa eine Million Mal besser als das eines Menschen.

Der erste Archäologiehund der Welt trat 2012 in Australien auf den Plan: Migaloo, ein Labrador-Mastiff-Mix. Migaloos Besitzer, ein Hundetrainer namens Gary Jackson aus Brisbaine, trainierte den damals 3 Jahre alten Hund darauf, nach fossilen, menschlichen Kochen zu suchen. Als „Übungsmaterial" dienten 250 Jahre alte Knochen einer Aborigines-Grabstätte, eine Leihgabe des South Australian Museum. Allerdings mussten vorher die zuständigen Aborigines-Stammesältesten ihre Zustimmung erteilen. Nach 6 Monaten intensivem Training war Migaloo in der Lage, nicht nur den Geruch menschlicher von dem tierischer Knochen zu unterscheiden, sondern auch diese Knochen zu lokalisieren, wenn sie tief in der Erde vergraben waren.

Das Training Migaloos orientiert sich am Belohnungsprinzip. Hat Migaloo einen antiken Knochen gefunden, gibt es zwar kein Würstchen als Belohnung, aber er darf eine bestimmte Zeit mit seinem heißgeliebten Ball spielen.

Mittlerweile ist Migaloo übrigens nicht mehr allein. Auch in den USA gibt es mehrere Archäologiehunde. In Europa machte 2016 der schwedische Schäferhund „Fabel" von sich reden, der nach entsprechendem Training durch seine Besitzerin, die schwedische Archäologin Sophie Vallulv, mit großem Erfolg bei der Gräbersuche in Sandy Borg, einer Ausgrabungsstätte, die gerne auch als das schwedische Pompeji bezeichnet wird, eingesetzt wurde. Fabel kann mit einer 94-prozentigen Sicherheit menschliche von tierischen Knochen unterscheiden.

Inzwischen gibt es auch in Deutschland einen ersten und sogar zertifizierten Archäologiehund: Der Altdeutsche Hütehund namens „Flintstone" wurde von seinem Herrchen, dem Archäologen Dietmar Kroepel, zur antiken Knochensuche ausgebildet.

Flintstone ist auf Knochen spezialisiert, die aus dem Zeitraum 2000 v. bis 600 n. Chr. stammen, und kann Knochen in bis zu 2,50 Meter Tiefe aufspüren. Vor Kurzem hat Flintstone ein Römergrab im Kreis Ebersberg entdeckt. Kurz danach machte er in den Landkreisen Fürstenfeldbruck und Rosenheim weitere archäologische Entdeckungen. Aber Flintstone kann deutlich mehr. Als er vor einiger Zeit von der Kriminalpolizei angefordert wurde, die Leiche einer seit 30 Jahren vermissten Frau in einem bestimmten Waldstück zu suchen, musste er zum ersten Mal zeigen, dass er auch „jüngere"

Knochen findet. Im Unterschied zu Leichenspürhunden braucht er kein organisches Material, sondern den reinen Knochen. Ist eine Leiche zu jung, sind also noch verwesende Bestandteile vorhanden, dann sind eher Leichenspürhunde gefragt. Die jüngste Leiche oder besser das Skelett, das Flintstone gefunden hat, war seit 18 Jahren tot. Aber auch diese Herausforderung hat Flintstone mit Bravour erledigt. Inzwischen hat er für die Cold-Case-Abteilungen der Kriminalpolizei, der LKAs oder des BKA, schon sieben Leichen gefunden oder konnte richtungsweisend den Ort der Ablage identifizieren. Und bald können wir in Deutschland noch weitere Archäologiehunde erwarten, denn der Besitzer von Flintstone, Dietmar Kroepel, hat mittlerweile „Archaeo Dogs", einen Verein zur Ausbildung von Archäologiehunden, gegründet. Die Mitgliederzahl in diesem Verein ist zwar noch sehr überschaubar, aber was nicht ist, kann ja noch werden.

CSI-Specialagents

Letztendlich war es eine winzige Ameise, die 1997 dafür verantwortlich war, dass der Täter im berühmt-berüchtigten „Pastorenmord" überführt werden konnte. Ein 57-jähriger Pastor aus Beienrode stand damals im dringenden Verdacht, seine Ehefrau umgebracht zu haben. Der Fall wäre jedoch ohne die Mithilfe zweier Biologen nicht aufgeklärt worden. Zunächst konnte der von der Polizei hinzugezogene Kriminalbiologe Dr. Mark Benecke anhand der Größe diverser Fliegenmaden, die an der Leiche gefunden wurden, die Tatzeit auf einen Zeitraum eingrenzen, für den der Beschuldigte kein Alibi hatte. Diese Erkenntnis für sich allein hätte jedoch noch nicht für eine Verurteilung ausgereicht. Den entscheidenden zweiten Hinweis lieferte eine winzige Ameise, die an den Stiefeln des äußerst verdächtigen Geistlichen klebte. Der Ameisenforscher Dr. Bernd Seifert vom Staatlichen Museum für Naturkunde in Görlitz konnte zeigen, dass die Ameise einer Ameisenart zugehörig war, die nur am Tatort vorkommt. Damit wurde nachgewiesen, dass der Geistliche sich am Tatort aufgehalten hatte und folgerichtig wurde der Pastor im Indizienprozess wegen Totschlags zu 8 Jahren Haft verurteilt.

„Forensische Entomologie" ist die Fachbezeichnung für die Sparte der Kriminalistik, bei der Wissenschaftler versuchen, anhand der Leichenbesiedlung durch Insekten Hinweise auf die Tatzeit, Todesursache und Todesumstände zu erhalten und so Rückschlüsse auf einen möglichen Täter zu ziehen.

Leichen – besonders solche, die längere Zeit im Freien liegen – werden üblicherweise, je nach Verwesungszustand, nach und nach von unterschiedlichen Insektenarten besiedelt. Meist sind es Schmeißfliegen, die zuerst eine Leiche anfliegen und ihre Eier in den diversen Körperöffnungen der Leiche ablegen. Bereits wenige Stunden später schlüpfen dann die winzigen Larven der Fliegen, um sich am Leichengewebe gütlich zu tun. Zu deutlich späteren Zeitpunkten – zeitlich exakt gestaffelt – besiedeln dann unter anderem Latrinenfliegen, Käsefliegen, Speckkäfer und nomen est omen Totengräberkäfer den Leichnam.

Anhand dieser Insektenbesiedlung einer Leiche lässt sich der Todeszeitpunkt meist sehr präzise ermitteln – oft auf den Tag oder sogar die Stunde genau. Denn durch Altersbestimmung der unterschiedlichen Insekten, also der Feststellung, ob es Maden, Puppen oder gar erwachsene Käfer oder Fliegen sind, die sich auf der Leiche befinden, kann man oft auch die Lebenszeit der Tiere auf der Leiche bestimmen. Und mit dieser Information sind Rückschlüsse auf die Liegezeit des Toten möglich.

Oft lässt sich anhand der Insektenbesiedlung einer Leiche feststellen, ob das Opfer am Fundort der Leiche oder aber an einem anderen Ort ermordet wurde.

Bereits im 13. Jahrhundert konnte in China durch die forensische Entomologie ein Mord aufgeklärt werden. Ein unbekannter Täter hatte in einem Reisfeld einen Landarbeiter mit einer Sichel getötet. Der mit der Aufklärung des Mordes beauftragte Polizeibeamte forderte daraufhin alle für die Tat infrage kommenden Kollegen des Opfers auf, ihre Sicheln offen in die Sonne zu legen. Als sich bereits wenige Minuten später zahlreiche Fliegen, angelockt durch die winzigen, für das menschliche Auge nicht sichtbaren Blutspuren, die immer noch an der Mordwaffe hafteten, um eine bestimmte Sichel scharten, war der Täter überführt.

Aber nicht nur Insekten, sondern auch eine nicht gerade besonders attraktiv aussehende Vogelart betätigt sich als CSI-Specialagent.

Der Marabu, bekanntermaßen einer der hässlichsten Vögel der Welt, hat – man höre und staune – auch noch eine wichtige Funktion in der Kriminalistik: Die Beamten der Spurensicherung benutzen zur Sichtbarmachung von Fingerabdrücken schon seit vielen Jahren gezielt die Federn des riesigen, afrikanischen Storchenvogels. Mithilfe der Marabufedern wird das sogenannte Rußpulver auf mögliche Spurenträger aufgetragen. Im Gegensatz zu den Federn „normaler" Vögel sorgt die extrem feine Haarstruktur der Marabufedern dafür, dass die Rußpartikel exakt in den Abdrücken der sogenannten Papillarleisten hängenbleiben und die Abdrücke nicht etwa verschmieren.

Der Wetterfrosch

Wetterfrösche gibt es wirklich. Allerdings quaken sie nicht und haben auch nur zwei anstatt der bei Amphibien üblichen vier Beine. Besonders häufig sind sie – natürlich sprechen wir von Meteorologen – vor den Wetterkarten der diversen TV-Studios anzutreffen. Aber was ist mit den „echten" Wetterfröschen, den Laubfröschen? Sind das nicht ebenfalls ausgezeichnete Wetterpropheten? Hat man die kleinen Quaker nicht früher, bevor sie unter Naturschutz gestellt wurden, in Einmachgläser gesetzt, die stets mit einem kleinen Leiterchen ausgestattet waren? Nahm der Frosch hoch oben auf der Leiter Platz, konnte man mit schönem Wetter rechnen, saß er unten, war Regen angesagt – das war zumindest damals die Interpretation. Eine Interpretation, die uns heute ziemlich fragwürdig, ja sogar lächerlich vorkommt. Allerdings hat die Legende vom Laubfrosch als zuverlässigem Wetterpropheten durchaus einen wahren Kern. Nur ist es in allererster Linie sein Appetit und nur indirekt das Wetter, was einen Laubfrosch nach oben klettern lässt. Die bevorzugte Beute des Laubfroschs – Insekten aller Art – fliegt bei schönem Wetter in größeren Höhen, während die Krabbeltiere sich bei Regenwetter eher in Bodennähe unter den Blättern verkriechen. Und natürlich hält sich ein cleverer Laubfrosch am liebsten dort auf, wo sich auch seine Nahrung befindet. Würde man also einem Laubfrosch im Einmachglas am Boden ausreichend zu fressen geben, würde er auch bei gutem Wetter nicht nach oben steigen. Will heißen, eine „Laubfrosch-Vorhersage" klappt nur in der freien Natur und dort auch nur bedingt, keinesfalls aber in einem Einmachglas.

Können Tiere wirklich Erdbeben vorhersehen?

2004 kam es in Südostasien zu einer der größten Naturkatastrophen aller Zeiten. Über 250 000 Menschen verloren beim verheerenden Tsunami rund um den Indischen Ozean ihr Leben. In der Tierwelt waren dagegen deutlich weniger Opfer zu beklagen, als eigentlich zu erwarten gewesen wäre. So wurden beispielsweise im Yala-Nationalpark in Sri Lanka die Leichen von mehreren hundert Menschen gefunden, wohingegen Tierkadaver fehlten – und das, obwohl im Reservat etliche Krokodile, Wildschweine, Wasserbüffel, Affen und Elefanten leben. Offensichtlich hatten sich die Tiere, dank einer Art sechstem Sinn, rechtzeitig in das Landesinnere oder auf ausreichend hoch gelegene Stellen zurückgezogen. Aber können Tiere wirklich etwas, das uns Menschen trotz großem wissenschaftlichen Ehrgeiz, dem allerneusten Hightechequipment und bester finanzieller Ausstattung nicht gelingt – Erdbeben und andere Naturkatastrophen zumindest einigermaßen zuverlässig voraussehen?

Die Tatsache, dass Tiere auf kommende Erdbeben äußerst sensibel reagieren, ist schon seit der Antike bekannt. So berichtet uns bereits im 1. Jahrhundert v. Chr. der griechische Geschichtsschreiber Diodorus Siculus, dass die am Golf von Korinth gelegene griechische Stadt Helike im Jahr 373 v. Chr. durch einen gewaltigen Tsunami völlig zerstört wurde. Dem Bericht des griechischen Historikers ist aber auch zu entnehmen, dass bereits fünf Tage vor der Katastrophe Schlangen, Mäuse und Ratten scharenweise ins Landesinnere geflohen wären, um sich dort in Sicherheit zu bringen. Auch im alten Rom kannte man sogenannte „Unheil-redende-Tiere": Hunde, Pferde und Gänse, die dann besonders laut bellten, wieherten oder schnatterten, wenn ein Erdbeben unmittelbar bevorstand. Zeigten sich diese Tiere von ihrer lauten Seite, wurden beispielsweise – als Vorsichtsmaßname – die Sitzungen des römischen Senats ins Freie verlegt.

Aber wie erklärt man es sich, dass zumindest einige Tierarten in der Lage sind, im Gegensatz zu uns Menschen, Erdbeben und andere Naturkatastrophen vorherzusehen? Woran und mithilfe welcher Sinnesorgane merken Tiere, dass ein Erdbeben unmittelbar bevorsteht? Zu dieser Fragestellung gibt es trotz intensiver Studien zurzeit noch keine gesicherten wissenschaftlichen Erkenntnisse. Es existieren jedoch mehrere mehr oder weniger plausible Theorien. Die im Augenblick am meisten favorisierte These geht davon aus, dass bei einer Verschiebung der Erdplatten – und genau das ist ja der Auslöser für ein Erbeben – elektrische Ströme freigesetzt werden. Ströme, die wiederum das im Gestein gespeicherte Wasser zersetzen. Bei diesem Vorgang entstehen sogenannte Aerosole, positiv geladene Schwebeteilchen, die von den Tieren über die Atemluft aufgenommen werden und im Gehirn eine massive Ausschüttung des Botenstoffs Serotonin veranlassen, der bei den betroffenen Tieren Angst und Panik auslöst und damit letztendlich für die rechtzeitige Flucht dieser Tiere sorgt.

1975 gelang es sogar mithilfe von Tieren, eine Erdbebenkatastrophe abzuwenden. Einige Jahre zuvor hatte die chinesische Regierung zum sogenannten „Volkskrieg gegen die Erdbeben" aufgerufen und die Bevölkerung dazu angehalten, auf verdächtige Verhaltensweisen ihrer Haustiere oder anderer Tiere zu achten und diese im Bedarfsfall den Behörden zu melden. Ein Aufruf, dem viele Menschen folgten. Innerhalb weniger Tage konnten über 100 000 Amateurbeobachter von den Behörden rekrutiert werden.

Diese sogenannten „Barfußseismologen" meldeten Anfang Februar 1975 gehäuft entsprechende Hinweise. So krochen etwa auf einmal zahlreiche Schlangen aus ihren Höhlen, in denen sie zu dieser Jahreszeit üblicherweise Winterschlaf hielten. Die zuständigen Behörden lösten daraufhin am 4. Februar um 10.00 Uhr morgens Katastrophenalarm aus und prompt bebte um 19.30 Uhr die Erde mit einer Stärke von 7,3 auf der Richterskala. Durch die rechtzeitige tierische Warnung konnten jedoch viele tausend Menschen gerettet werden.

Nur ein Jahr später funktionierte das „volkseigene Vorwarnsystem" zwar wiederum, konnte aber eine gewaltige Katastrophe nicht verhindern. Als am 27. Juli 1976 ein Erdbeben der Stärke 8,2 die chinesische Millionenstadt Tangshan erschütterte, waren über 600 000 Opfer unter der Bevölkerung zu beklagen. Zuvor hatten die zuständigen Behörden zwar wiederum über 2000 „tierische Warnhinweise" aus der Bevölkerung erhalten. Dummerweise waren jedoch kurz zuvor, im Zuge der Kulturrevolution, viele Beamten entlassen worden und deshalb wurden diese Warnhinweise einfach nicht weiterverfolgt. Wenige Jahre später wurden die systematischen Tierbeobachtungen dann sogar vollständig eingestellt.

Millionen, Doping und Roboter

Es gibt keine andere Sportart, die in den Golfstaaten einen vergleichbaren Stellenwert hat, wie die berühmten Kamelrennen. Der Nationalsport der Scheichs ist für die Emirate das, was für uns Deutsche Fußball oder für einen gestandenen Amerikaner Baseball ist. In den Emiraten werden pro Woche oft über 200 Rennen mit den bis zu 70 Kilometer pro Stunde schnellen Tieren durchgeführt. Die Renndistanzen variieren dabei zwischen 1,5 und 8 Kilometern. Es gibt Rennen für zwei-, vier-, sechs- und achtjährige Kamele.

Die Rennkamele, für die ein Interessent im Einzelfall 5 Millionen Euro und mehr auf den Tisch legen muss, leben in Luxusunterkünften. Und die haben einen Komfort, von dem europäische Rennpferde nur träumen können. Auch die medizinische Betreuung ist vom feinsten: Sind die Wüstenschiffe verletzt, wird im „Camel-Hospital" mit allermodernster Technik dafür gesorgt, dass die Kamele möglichst rasch wieder auf die Beine kommen. Spitzentiere fliegen natürlich im eigenen Jet von Dubai aus zu Rennen in Bahrain, Katar und Kuwait.

In erster Linie geht es bei den Kamelrennen um Ruhm und Ehre. Allerdings geht es meist auch um exorbitante Siegprämien. Das reicht vom massiv goldenen Schwert über eine Limousine der Luxusklasse bis hin zu einer Villa, mit allem was das Herz begehrt, oder Geldprämien in Millionenhöhe.

Natürlich bekommen Rennkamele kein normales Futter, sondern eine Spezialnahrung, bestehend aus Milch, Honig, Datteln, Getreide,

Eiern und Luzerne, angereichert mit Nahrungsergänzungsmitteln. Die genaue Zusammensetzung des Futters wird von den Besitzern mindestens genauso geheim gehalten, wie die Rezeptur von Coca-Cola. Und das nicht ohne Grund: Vor Einsatz des „Powerfood" benötigten Rennkamele für eine Strecke von 8 Kilometern rund 15 Minuten. Heute sind es dank der Spezialnahrung 2 Minuten weniger.

Bis vor Kurzem war es in Dubai und den Emiraten noch üblich, dass Kinder im Alter von 4 bis 6 Jahren bei Kamelrennen im Sattel saßen. Durch den Einsatz dieser Kinder sollten Gewicht gespart und dadurch möglichst schnelle Zeiten erzielt werden. Die Kinder, die meist aus den Elendsvierteln Indiens, Pakistans, Bangladeschs oder Sri Lankas stammten, waren ihren Eltern oft für nur 20 US-Dollar abgekauft worden. Die Kinderjockeys lebten in den Emiraten oft unter sklavenähnlichen Bedingungen und wurden ständig unter strenger Diät gehalten, um kein Gewicht zuzulegen. Dies führte verständlicherweise zu zahlreichen Protesten von Menschenrechtsorganisationen aus der ganzen Welt. 2005 wurde der Druck der Weltöffentlichkeit derart groß, dass sich die Herrscher der Vereinigten Arabischen Emirate und Katars genötigt sahen, per Gesetz das Mindestalter für Kameljockeys auf 18 Jahre festzulegen und Zuwiderhandlungen mit Haft- und erheblichen Geldstrafen zu ahnden.

Letztendlich beschloss man in den Wüstenstaaten, nicht mehr auf menschliche, sondern auf künstliche Reiter zu setzen und beauftragte eine Schweizer Firma, einen künstlichen Reiter, eine Art „Robo-Jockey", zu entwickeln. Dieser wurde mit der Zeit immer weiter optimiert. Heute ist der künstliche Jockey nicht nur mit GPS ausgestattet, sondern kann Herzschlag und Geschwindigkeit seines Reittiers messen und überträgt obendrein über einen kleinen Lautsprecher die Stimme seines Besitzers bzw. Trainers. Zudem ist der Robo-Jockey jetzt mit einem Gewicht von rund 8 Kilogramm nur noch etwa halb so schwer wie die ersten Modelle.

Die Trainer bzw. Besitzer fahren in Geländewagen neben den rennenden Kamelen her und steuern per Fernbedienung über Funk den

Roboter. Auf diese Weise können sie zum Beispiel über einen Funkbefehl die Anzahl der Peitschenhiebe erhöhen.

Allerdings setzten einige Kamelbesitzer in der Vergangenheit nicht nur auf natürliche, sondern auch auf künstliche leistungssteigernde Mittel: Doping war lange Zeit im Kamelrennsport gang und gäbe. Eingesetzt wurde alles, was auch bei uns Menschen auf den entsprechenden Dopinglisten steht: EPO zur Ausdauersteigerung, Steroide zum Muskelaufbau und sogar Wachstumshormone. Bei einigen Rennkamelen wurden sogar Blutwäschen durchgeführt. Die Kameldoperei nahm solche Ausmaße an, dass 2013 die UAE's Camel Racing Association jegliches Doping unter Strafe gestellt hat. Dazu wurde von einem deutschen Veterinärmediziner ein spezieller Kameldopingtest entwickelt. Seither werden die ersten drei eines Kamelrennens stets auf verbotene Substanzen getestet. Handelt es sich bei erwischten Dopingsündern um Ersttäter, werden sie für ein Jahr gesperrt – erstaunlicherweise allerdings nur die Tiere. Bei Wiederholungstätern werden alle Tiere des Rennstalls für ein Jahr gesperrt.

Die Kontrollen werden in naher Zukunft noch schärfer und erfolgreicher sein. 2016 wurde noch ein Haartest entwickelt, mit dessen Hilfe Dopingvergehen, im Gegensatz zu den obligatorischen Blut- und Urintests, sogar noch ein Jahr nach Verabreichung der verbotenen Substanz nachgewiesen werden können.

Übrigens kommt es auch bei anderen Kamelwettbewerben ab und an zu unerlaubten Manipulationen. 2017 wurden im saudi-arabischen Riad beim Schönheitswettbewerb um den Titel „Miss Kamel" gleich zwölf tierische Teilnehmerinnen disqualifiziert. Ihre Besitzer hatten die Lippen der Tiere mit Botox aufgehübscht.

„Snake-Charmer"
oder der Schwindel mit der
Giftschlange

Jeder, der schon einmal in Nordafrika oder dem indischen Subkontinent einen Bazar besucht hat, hat sie schon einmal gesehen: Schlangenbeschwörer, die es offensichtlich allein mit den Tönen ihres Flötenspiels schaffen, dass sich eine tödliche Giftschlange, wie von unsichtbaren Fäden gezogen, aus einem Bastkorb erhebt, sich hoch aufrichtet und sich dann scheinbar mit sanften Bewegungen zum Takt der Musik hin und her bewegt – und das lediglich einen halben Meter von der Nasenspitze ihres Herrn und Meisters entfernt.

Da stellt sich natürlich die Frage, ob „Snake-Charming", wie das Schlangenbeschwören in den englischsprachigen Ländern so nett heißt, tatsächlich eine geheimnisvolle und durchaus lebensgefährliche Kunst ist oder ob hier vielleicht doch der Schein trügt?

Um diese Frage zu beantworten, muss man zunächst einmal die Schädelanatomie eines Schlangenkopfes etwas genauer unter die Lupe nehmen. Im Vergleich zu anderen Wirbeltieren fehlt da so einiges: Schlangen besitzen weder ein Außenohr, noch einen Gehörgang, noch ein Trommelfell. Das wiederum bedeutet, dass Schlangen die ihnen auf der Flöte vorgespielte Musik gar nicht wahrnehmen können, weil sie nahezu taub sind. Damit kann auch von einer etwaigen musikalischen Veranlagung der Schlangen keine Rede sein.

Aber wie gelingt es dem „Snake-Charmer" dann, seine offensichtlich taube Schlange zu ihrem berühmt-berüchtigten „Tanzen" zu animieren? Dazu wendet er gleich ein ganzes Sammelsurium von großen und kleinen Tricks an: Das fängt schon damit an, dass die Schlangen beim Öffnen des dunklen Korbs, in dem sie gehalten werden, zunächst mal schlaftrunken, wie sie sind, vom hellen Tageslicht geblendet werden und dann als erstes einen vermeintlichen Gegner präsentiert bekommen: die Flöte des Schlangenbeschwörers. Um sich vor diesem vermeintlichen Gegner, der sich rhythmisch hin und her bewegenden Flöte, zu schützen, richtet sich die derart provozierte Schlange auf und folgt mit ihrem Kopf exakt den Bewegungen der Flöte, um jederzeit zubeißen zu können. Bei Kobras kommt noch erschwerend hinzu, dass die Tiere die Flöte des Schlangenbeschwörers, die traditionell aus einem Flaschenkürbis geschnitzt wird, oft mit dem gespreizten Halsschild eines balzenden Artgenossen verwechseln. Dadurch wird in der Schlange oft ein massives Konkurrenzverhalten ausgelöst. Manchmal wird an der Flöte noch ein kleines Fellbüschel befestigt und so zusätzlich das Jagdverhalten der Schlange nach der vermeintlichen Maus entfacht. All diese Provokationen führen bei der Schlange offensichtlich zu einer Art Reizüberflutung mit der Folge, dass die geistig jetzt völlig überforderte Schlange über längere Zeit in einer Art sanftem „Tanz" verharrt. Sie kann sich nicht entscheiden, welcher Provokation sie zuerst folgen soll. Die Schlange wartet einfach ab, ob sich aus diesen für sie so verwirrenden und widersprüchlichen Reizen nicht doch noch ein Favorit herauskristallisiert.

Im Prinzip sind fast alle größeren Giftschlangenarten zum „Schlangenbeschwören" geeignet. Welche Schlangen letztendlich verwendet werden, hängt unter anderem stark von der Gegend und der Häufigkeit der dort vorkommenden Schlangen ab. In Indien werden vor allem Brillenschlangen, aber auch Kettenvipern und Nachtbaumnattern genommen. In Nordafrika sind es die zu den Kobras gehörende Uräusschlange, die Puffotter und die Sandrasselotter.

Die meisten Schlangenbeschwörer fangen ihre Schlangen selbst in der freien Natur. Einige wenige kaufen die Schlangen bei professionellen Schlangenhändlern. Deren Tiere stammen aber meist auch nicht aus einer Zucht, sondern es handelt sich ebenfalls um Wildfänge.

Bleibt noch die Frage zu beantworten, ob es sich beim Schlangenbeschwören, wie so oft behauptet, wirklich um einen Tanz auf der Rasierklinge, sprich um eine lebensgefährliche Tätigkeit handelt?

Schließlich sind das ja, taub hin, taub her, immer noch hochgiftige Schlangen, mit denen die Schlangenbeschwörer hantieren. Aber auch Schlangenbeschwörer sind nicht lebensmüde. Aus diesem Grund entfernen die meisten Schlangenbeschwörer, mithilfe eines kleinen chirurgischen Eingriffes, die Giftdrüsen ihrer Tiere oder brechen den Schlangen die Giftzähne komplett heraus. Allerdings sollte man als geneigter Zuschauer nicht einfach darauf vertrauen, dass man sich einer „beschworenen" Schlange ohne Gefahr für Leib und Leben nähern kann. In Nordafrika gibt es unter den Schlangenbeschwörern immer noch Vertreter des Uräusschlangenkults, der bis ins alte Ägypten zurückreicht. Für diese sehr der Tradition verhafteten Schlangenbeschwörer, bei denen es sich oftmals um Berber handelt, ist es eine schlimme Sünde, ihre Schlange, die für sie ein heiliges Tier ist, durch das Entfernen der Giftzähne zu verletzen. Diese Schlangenbeschwörer üben deshalb ihr Handwerk nur mit „scharfen" Schlangen aus.

In Indien ist die Kunst des Schlangenbeschwörens mittlerweile gesetzlich verboten. Ein Verbot, das eigentlich schon seit 1972 existiert. Damals hat der indische Staat mit dem sogenannten „Wildlife Protection Act" das Töten und den Besitz von Schlangen unter Strafe gestellt, um den Bestand der Tiere in der freien Natur besser zu schützen. Allerdings existierte dieses Gesetz lediglich auf dem Papier. Jetzt aber, seit Ende der 1990er-Jahre wird dieses Verbot von den Behörden durchgesetzt und auch explizit auf Schlangenbeschwörer angewandt. Ebenfalls als abträglich für den Beruf „Schlangenbeschwörer" hat sich die Tatsache erwiesen, dass das heute auch in Indien omnipräsente Kabelfernsehen die Schlangenbeschwörer weitestgehend entmystifiziert hat. Galten Schlangenbeschwörer früher als gottähnliche Wesen, da sie in den Augen der Menschen die Macht besaßen, tödliche Tiere im wahrsten Sinne des Wortes nach ihrer Pfeife tanzen zu lassen, ist mittlerweile das gesellschaftliche Ansehen der Schlangenbeschwörer auf dem Nullpunkt angelangt.

Aus diesen Gründen ist Schlangenbeschwören, obwohl heute in Indien noch über eine Million Schlangenbeschwörer illegal meist in abgelegenen Dörfern aktiv sind, auf längere Sicht gesehen ein aussterbendes Handwerk. Erstaunlicherweise sehen Giftschlangenexperten das Berufsverbot für Schlangenbeschwörer durchaus kritisch. Um diese auf den ersten Blick doch etwas verblüffende Tatsache zu verstehen, ist es wichtig zu wissen, dass auch heute noch in Indien jährlich rund 15 000 Menschen an Giftschlangenbissen sterben. Die Experten befürchten deshalb, dass das Fang- und Haltungsverbot von Giftschlangen zwangsläufig zu größeren freilebenden Schlangenpopulationen und damit zu noch mehr Todesfällen führt. Das trifft vor allem abgelegenere Gebiete, wo kein rettendes Serum zur Verfügung steht.

Geflügelte Gladiatoren

In China haben nicht nur singende Grillen, sondern auch Kampfgrillen eine lange Tradition. Im Land der Mitte erfreuen sich seit mehr als 1000 Jahren Grillenkämpfe allergrößter Beliebtheit. Das Prozedere bei diesen Kämpfen ist dabei stets das Gleiche: Zwei männliche Tiere werden in einem kleinen eingekreisten Ring aufeinander losgelassen. Da die Grillenmännchen, aufgrund ihres angeborenen Triebs zur Revierverteidigung, äußerst aggressiv sind, gehen sie schon bei der geringsten Frontalberührung sofort unter wildem Gezirpe aufeinander los. Um die Angriffslust der beiden Kombattanten noch zusätzlich zu steigern, reizt der Kampfleiter häufig die Grillen auch noch mit einer kleinen Bürste, deren Borstenbesatz, man höre und staune, aus den Barthaaren von Ratten besteht. Der Kampf selbst dauert oft nur wenige Minuten: Die Grillenmänner verhaken sich mit ihren kräftigen Mundwerkzeugen und versuchen dabei, ihren Gegner – ähnlich wie beim olympischen Ringen – im sogenannten „griechisch-römischen" Stil auf den Rücken zu werfen. Tritt ein Kombattant die Flucht an, gilt das Duell als beendet. Der siegreiche Grillenmann feiert dagegen seinen Sieg mit lautem Gezirpe. Es gibt nur relativ selten Gefechte, die mit dem Tod eines der beiden Duellanten enden. In diesem Fall kann es jedoch durchaus passieren, dass der Verlierer vom Sieger gleich aufgefressen wird.

Der Sieger des Grillenduells wird traditionell zum „General" ausgerufen. Eine Grille, die mehrere Kämpfe siegreich beendet hat, erhält den Ehrentitel „Immerwährender Marschall". Nach ihrem Tod wurden berühmte Kämpfer früher übrigens in kleinen, kunstvoll ziselierten Silbersärgen beigesetzt.

In China gibt es sogar regelrechte Trainingslager für Kampfgrillen. Dort leben die Grillen ziemlich luxuriös: Jedes Tier hat seinen eigenen Tontopf, ausgestattet mit einem Bett und einer winzigen Porzellantasse mit Wasser, und bekommt täglich eine abwechslungsreiche Spezialdiät aus Fisch, Honig, Reis und Kastanien zu fressen. In den Grillenkampfschulen bringen dann speziell geschulte Ausbilder mit diversen Trainingsmethoden den kleinen Gladiator in Hochform. So werden die Grillen zum Beispiel unmittelbar vor dem Kampf durch das sogenannte „Bestrafen" richtig aggressiv gemacht. Dazu werden die Grillen vom Trainer in die Hand genommen, mehrmals geschüttelt und anschließend 10- bis 20-mal in die Luft geworfen. Eine so „behandelte" Grille attackiert dann sofort ihren Gegner. In der Nacht vor dem Kampf setzt man auch gerne mal eine weibliche Grille in den Topf einer männlichen Kampfgrille. Auf diese Weise glaubt man, den Kampfgeist des tierischen Gladiators zu steigern.

Die meisten Kampfgrillen stammen aus der Provinz Shandong an der chinesischen Ostküste. Dort werden die Tiere von Bauern auf den Feldern gesammelt und an spezielle „Grillenhändler" für ein paar Cent das Stück verkauft. Ist ein Händler sich jedoch ziemlich sicher, dass sich eine Grille später einmal zu einer überragenden Kampfgrille entwickeln könnte, ist er auch gerne bereit, bis zu 2000 Dollar auf den Tisch des Hauses zu legen. Aber wie erkennt man, wer ein guter Kämpfer wird und wer nicht? Das ist nach Aussagen der Händler eine Wissenschaft für sich und streng vertraulich.

Auf den chinesischen Märkten werden in der Grillensaison zwischen August und Oktober oft mehrere Millionen „Kampfgrillen" verkauft. Allein in Schanghai gibt es mehr als ein Dutzend sogenannter Grillenmärkte. Nach einer von der Regierung in Auftrag gegebenen Studie wurden 2010 in China mehr als 63 Millionen US-Dollar für Kampfgrillen ausgegeben.

Während das Wetten auf den Ausgang von Grillenkämpfen in China streng verboten ist, sind dies die Kämpfe selbst nicht. Veranstaltet werden die Kämpfe, oft auch regelrechte Meisterschaften, von Organisationen wie etwa der „Beijing Cricket Fighting Organization". Die Wetteinsätze bei privaten Veranstaltungen sind jedoch oft mehr als beachtlich.

Miniaturartisten

„Bekanntlich gibt es Leute, welche durch Abrichten von Flöhen (Anspannen derselben an kleine Wägelchen usw.) sich ihren Lebensunterhalt verschaffen. Und durch Ansetzen an einem ihrer Arme belohnen sie einen jeden nach der Vorstellung stets mit so viel Blut, als er trinken mag." So beschrieb Mitte des 19. Jahrhunderts der berühmteste Zoologe seiner Zeit, „Tiervater" Alfred Brehm, in seinem Standardwerk „Brehms Tierleben" das Leben und Treiben in einem Flohzirkus. Es war die Blütezeit der Flohzirkusse. Eine Zeit, in der ein Jahrmarkt ohne Flohzirkus undenkbar war. Damals wartete auf die begeisterten Zuschauer ein Miniaturshowprogramm der Extraklasse. Eine verblüffende Show, in der scheinbar gut abgerichtete Flöhe kleine Kutschen zogen, ganze Karussells bewegten oder einen Fußball gezielt in ein Miniaturtor schossen. Heute sind die Flohzirkusse in Europa selten geworden. Die kleinen Artisten können mit der Konkurrenz von Kino, Fernsehen und weiterer Unterhaltungsmöglichkeiten einfach nicht mehr mithalten.

Aus diesem Grund gibt es jetzt nur noch wenige Flohzirkusse, in denen stolze Flohzirkusdirektoren die Künste ihrer sechsbeinigen Miniaturartisten ihrem geneigten Publikum vorführen. Das ist aber von den Leistungen der Miniaturartisten auch heute noch überaus begeistert.

Für die doch etwas verblüffende Tatsache, dass man für eine Miniaturzirkusvorstellung ausgerechnet zu den bei uns Menschen eigentlich so wenig beliebten Flöhen und nicht zu irgendwelchen anderen

Insekten greift, gibt es mehrere gute Gründe: Zum einen verfügen Flöhe über exorbitante Kräfte. So kann ein Floh, der selbst gerade einmal 0,2 Milligramm schwer ist, locker einen Wagen ziehen, der über 30 Gramm auf die Waage bringt. Wollte ein Mensch eine vergleichbare Leistung erbringen, müsste er ein Gewicht von 12 000 Tonnen bewegen. Das ist ein Gewicht, das etwa dem von 100 Lokomotiven der Deutschen Bundesbahn entspricht. Dazu verfügen die kleinen Insekten noch über eine gewaltige Sprungkraft: Ein Floh kann 20 Zentimeter hoch springen. Ein Mensch mit einem entsprechenden Sprungvermögen könnte locker aus dem Stand den Kölner Dom überspringen.

Das Geheimnis dieser gewaltigen Sprungkraft liegt jedoch nicht nur in der stark ausgeprägten Muskulatur der extrem kräftigen Hinterbeine der Flöhe. Mit Muskelkraft allein könnten die Flöhe niemals so weit und so hoch springen. In den Beinen besitzen die Flöhe zusätzlich noch sogenannte Resilinpolster. Resilin ist ein elastisches Protein und verformbar, wie etwa Gummi. Dieses Protein kann in hohem Maß Energie speichern und diese dann mit einem Schlag in Form von Bewegungsenergie freisetzen. Vor dem Sprung ist das Resilin im Flohhüftgelenk ähnlich wie ein Bogen gespannt. Beim Absprung wird die gespeicherte Energie freigesetzt und katapultiert den Floh in luftige Höhen.

Aber der Griff zum Floh ist auch historisch bedingt: Schließlich hatten in früheren Zeiten fast alle Menschen Flöhe. Will heißen, es war für einen Flohzirkusbetreiber relativ einfach, sich immer und überall mit einer ausreichenden Zahl an sechsbeinigen „Artisten" zu versorgen.

Aber nicht alle Flöhe sind auch als „Zirkusflöhe" geeignet. Von den weltweit über 2000 Floharten kommen lediglich Menschen-, Igel-, Hunde- und Katzenflöhe im Zirkus zum Einsatz. Alle anderen Arten, das zeigt die Erfahrung, sind für das harte Zirkusleben einfach nicht widerstandsfähig genug. Eine wichtige Rolle bei der Auswahl der künftigen Artisten spielt das Geschlecht: Im Flohzirkus werden generell nur weibliche Tiere eingesetzt, weil sie größer und damit auch kräftiger als die Herren der Schöpfung sind.

Was die „Abrichtung" eines Flohs angeht – dressieren, wie etwa einen Hund, kann man die Insekten nicht wirklich. Das gibt offensichtlich die Gehirnleistung eines Flohs nicht her. Allerdings kann man sich gewisse Vorlieben bzw. Lebensgewohnheiten der Tiere zunutze machen und mit Wärme, Licht und Schall arbeiten: So kommen Flöhe bei kalten Temperaturen nur schwer in die Gänge, bei Wärme werden sie aktiv. Licht und Lärm meiden Flöhe. Dunkelheit und Ruhe werden dagegen bevorzugt. Allerdings beobachten Zirkusdirektoren ihre zukünftigen Artisten stets ganz genau in Bezug auf ihre gängigen Verhaltensweisen. Anschließend findet eine Art „Berufsauswahl" statt: Flöhe, die bevorzugt laufen, sogenannte „Läufer", werden zum Karussellbewegen oder Kutschenziehen eingesetzt. Sogenannte Springer, sprich Tiere, die sich vor allem hüpfend fortbewegen, werden zu Fußballern. Dazu werden die Tiere einfach auf einen Miniaturball aus Styropor gesetzt, den sie dann beim Sprung mit ihren kräftigen Hinterbeinen von sich schleudern.

Das einzig wirkliche Training im Flohzirkus besteht darin, den „Läufern" das Springen komplett abzugewöhnen. Dieses Training ist später für die Show überaus wichtig: Flöhe, die eine Kutsche ziehen und dabei wild auf und ab hüpfen, würden doch etwas seltsam aussehen. Um den „Läufern" das Springen vollständig abzugewöhnen, wenden die Flohzirkusdirektoren deshalb einen kleinen Kniff an: Sie setzen die Flöhe, jeweils für eine kurze Zeit, in eine Reihe von kleinen Döschen, deren Höhe nach und nach immer geringer wird. Die Tiere merken zunächst, dass sie nicht mehr unbegrenzt hochspringen können. Wenn die Dosenhöhe schließlich nur noch minimal ist, geben sie das Springen komplett auf, einfach weil es für sie völlig sinnlos geworden ist.

Das „Einspannen" des Flohs vor einen Miniaturwagen findet natürlich unter der Lupe statt. Dabei wird dem Floh zunächst eine Schlinge aus sehr feinem Draht über den Kopf gestülpt. Dieser Draht wird anschließend am Wagen oder Karussell befestigt. Ein Prozedere, das viel Erfahrung und Fingerspitzengefühl erfordert: Schließlich muss die feine Drahtschlinge einerseits so fest zugezogen werden, dass der Floh sich nicht befreien kann, andererseits darf sie aber auch nicht allzu eng angelegt werden, sonst droht Gefahr, dass der Floh nach einer Blutmahlzeit erstickt. Das „Einspannen" kann deshalb pro Floh schon mal 30 Minuten in Anspruch nehmen. Übrigens: Flöhe vor eine Kutsche zu spannen, das gelang erstmalig 1742 einem englischen Uhrmacher namens Mr. Boverick, der seiner überaus erstaunten Kundschaft zwei Flöhe vorführte, die jeweils einen Streitwagen bzw. eine Kutsche über die Theke seines Londoner Ladengeschäfts zogen.

Heute tauchen vor allem in den USA, aber ab und an auch in Europa Flohzirkusse auf, die den Zuschauern lediglich vorgaukeln, mit lebenden Flöhen zu arbeiten. In perfekt durchchoreografierten Shows wird den Zuschauern beispielsweise ein Floh präsentiert, der aus einer Kanone abgeschossen wird, durch einen brennenden Reifen fliegt und letztendlich in einem Miniatursicherheitsnetz landet. Nur wo Floh drauf steht, ist eben nicht immer auch Floh drin. Bei genauerem Hinsehen entpuppen sich die vermeintlichen Höchstleistungen der kleinen Insekten lediglich als raffinierte Taschenspielertricks, die dem geneigten Zuschauer mit mechanischen, elektrischen und elektronischen Tricks, aber auch mit einem soliden Maß an Schauspielkunst und Fingerfertigkeit einen Floh präsentieren, wo in Wirklichkeit überhaupt keiner ist.

Wie das im Einzelnen funktioniert, kann man ausgesprochen gut an der Vorführung mit dem vermeintlichen „Salto mortale" erklären: Bei diesem Trick klettert ein Floh scheinbar über eine Leiter auf einen Miniatursprungturm und springt dann aus schwindelnder Höhe mit einem 3-fachen Salto rückwärts in ein Miniaturschwimmbecken hinein. Ein Floh, der jedoch in Wirklichkeit nicht existiert. Zu Beginn der Vorstellung gaukelt der Flohzirkusdirektor den Zuschauern zunächst vor, dass dieser nicht existierende Floh die Leiter hochklettert. Dazu

verbiegt er mithilfe einer geheimen Vorrichtung die Sprossen der Leiter – eine nach der anderen. Dann folgt er, für alle sichtbar, mit seinen
Augen dem vermeintlichen Sprung des nicht existierenden Flohs –
natürlich begleitet von einem Trommelwirbel. Anschließend lässt er
mithilfe einer weiteren versteckten Vorrichtung im Miniaturbecken
eine kleine Fontäne aufspritzen. Und schon sind alle Zuschauer fest
davon überzeugt, sie hätten einen leibhaftigen Floh springen sehen.
Ende der Illusion!

Literatur

Abdelgabar, A. M. & B. K. Bhowmick (2003): The return of the leech. International Journal of Clinical Practice, 57 (2), 103–105.

Adriaens, T., San Martin y Gomez, G. & D. Maes (2008): Invasion history, habitat preferences and phenology of the invasive ladybird Harmonia axyridis in Belgium. From biological control to invasion: the Ladybird Harmonia axyridis as a model species. Springer Netherlands, 69–88.

Allatt, H. T. W. (1886): The use of pigeons as messengers in war and the military. Pigeon systems of europe. Journal oft he Royal United Service Institution, 30 (188), 107–148.

Allen, K. (2015): Mozambique declared free of landmines BBC News vom 17.11.2015.

American Society of Tropical Medicine and Hygiene (2011): Giant african rats successfully detect tuberculosis more accurately than Commonly used techniques. Newswise vom 14.12.2011.

American Veterinary Medicine Association (2008): AVMA Animal Welfare Division Director's Testimony on the Captive Primate Safety Act. 11.5.2008.

Amerkamp, U. (2002): Spezielle Spurensicherungsmethoden. Verfahren zur Sichtbarmachung von daktyloskopischen Spuren, Verlag für Polizeiwissenschaft, Frankfurt.

Anthes, E. (2013): Frankenstein's cat: cuddling up to biotech's brave new beasts (First ed.). Scientific American/Farrar, Straus and Giroux, New York.

AP (2009): Peru police seize cocaine sewn inside live turkeys. Stuff vom 3.9.2009.

APOPO (2017): Training Herorarats, www.apopo.org.

Aristoteles (1957): Tierkunde. Übersetzt von Paul Gohlke, 2. Auflage, Verlag Ferdinand Schönigh, Paderborn.

Asif, A. S. (2000): Challenge to Apollo: The Soviet Union and the space race, 1945–1974, NASA.

Baboo, B. & D. N. Goswami (2010): Processing, chemistry and application of lac. Chandu Press, New Delhi, India.

Badde, P. (2005): Das Muschelseidentuch. Auf der Suche nach dem wahren Antlitz Jesu. Ullstein, Berlin.

Badde, P. (2014): Die Grabtücher Jesu in Turin und Manoppello. Wolff Verlag, Berlin.

Baskova, I. P., Zavalova, L. L., Basanova, A. V., Moshkovskii, S. A. & V. G. Zgoda (2004): Protein Profiling of the Medicinal Leech Salivary Gland Secretion by Proteomic Analytical Methods. Biochemistry, 69 (7), 770–775.

Batchelor, T. (2017): Laika at 60: What happens to all the dogs, monkeys and mice sent into space? Independent vom 3. 11. 2017.

Beike, M. (2012): The history of Cormorant fishing in Europe. Vogelwelt, 133: 1–21.

Beischer, D. E. & A. R. Fregly (1962): Animals and man in space. A chronology and annotated bibliography through the year 1960, US Naval School of Aviation Medicine, ONR TR ACR-64 (AD0272581).

Benecke, M. & B. Seifert (1999): Forensische Entomologie am Beispiel eines Tötungsdeliktes. Archiv für Kriminologie 204, 52–60.

Bernheimer, K. (2007): Brothers & beasts: an anthology of men on fairy tales. Wayne State University Press. 157–159.

Bertolotto, L. (1876): The history of the flea: With notes and observations. John Axford, New York.

Bethge, P. (2010): Haarige Wohngemeinschaft. Der Spiegel, 50, 98.

Blechman, A. (2007): Pigeons – The fascinating saga of the world's most revered and reviled bird. University of Queensland Press, St. Lucia, Queensland.

Blumberg, J. (2008): A Brief History of the St. Bernard Rescue Dog: The canine's evolution from hospice hound to household companion. Smithsonian magazine vom 1. 1. 2008.

Bombelli, P., Howe, C. J. & F. Bertocchini (2017): Polyethylene bio-degradation by caterpillars of the wax moth Galleria mellonella. Current Biology, 27 (8), 292–293.

Borger, J. (2001): Project: Acoustic Kitty. The Guardian Newspaper vom 11. 9. 2001.

Botigue, L., Song, S., Scheu, A., Gopalan, S., Pendleton, A., Oetjens, M., Taravella, A., Seregély, T., Zeeb-Lanz, A., Arbogast, R-M., Bobo, D., Daly, K., Unterländer, M., Burger, J., Kidd, J. & K. R. Veeramah (2017): Ancient European dog genomes reveal continuity since the early Neolithic. Nature Communications doi: 10.1038/ncomms16082.

Brazee, S. & E. Carrington (2006): Interspecific Comparison of the Mechanical Properties of Mussel Byssus. Biological Bulletin, 211, 263–274.

Brehm, A. (1859): Die Hausthiere als Wetterpropheten. Die Gartenlaube, 7, 104.

Breitenbach, E., von Fersen, L., Stumpf, E. & H. Ebert (2006): Delfintherapie für Kinder mit schwerer Behinderung – Analyse und Erklärung der Wirksamkeit. Bentheim Verlag, Würzburg.

Brodersen, K. (2016): Scribonius Largus, Der gute Arzt/Compositiones. Marix, Wiesbaden.

Burgess, C. & C. Dubbs (2007): Animals in Space: From Research Rockets to the Space Shuttle, Springer Verlag, Heidelberg.

Burrows, M. (2009): How fleas jump. Journal of Experimental Biology, 212 (18), 2881–2883.

BZ-Redaktion (2017): Hornhaut-Knabberfische dürfen in Wellness-Studios arbeiten. Badische Zeitung vom 22. 5. 2017.

Campbell, S. (2015): Israeli ,spy dolphin equipped with killer arrows' captured by Palestinian militants. Daily Express vom 20. 8. 2015.

Cazander, G., Pritchard, D. I., Nigam,Y., Jung, W. & P. H. Nibbering (2013): Multiple actions of Lucilia sericata larvae in hard-to-heal wounds: larval secretions contain molecules that accelerate wound healing, reduce chronic inflammation and inhibit bacterial infection. Bioessays, 35 (12), 1083–1092.

Capinera, J. L. (2008): Encyclopedia of Entomology, Volume 4, Springer Science & Business Media, Heidelberg.

Cengel, K. (2014): Giant rats trained to sniff out tuberculosis in africa. National Geographic vom 15. 8. 2014.

Chambers, L., Woodrow, S., Brown, A. P., Harris, P. D., Phillips, D., Hall, M., Church, J. C. & D. I. Pritchard (2003): Degradation of extracellular matrix components by defined proteinases from the greenbottle larva Lucilia sericata used for the clinical debridement of non-healing wounds. British Journal of Dermatology, 148 (1), 14–23.

Cooper, G. (2009): British dogs trained to sniff out diabetes. Reuters vom 22. 6. 2009.

Costa-Neto, E. M. (2003): Entertainment with insects. Singing and fighting insects around the world. A brief review. Etnobiología, 3, 21–29.

Crowe, J. F. & W. F. Dove (2000): Perspectives on Genetics. Anecdotal, historical, and critical commentaries 1978–1998. University of Wisconsin Press, Madison/London.

Cunliffe, B. (2008): Europe between the oceans; 9000 BC – AD 1000. Yale University Press, New Haven.

Davis, D. & A. T. Weil (1992): Identity of a new world psychoactive toad. Ancient Mesoamerica, 3 (1), 51–59.

DPA (2007): Insekten als Drogenkuriere. Schmuggler verstecken Koks in toten Käfern. Spiegel online vom 4. 10. 2007.

DPA (2017): Fliegender Drogenkurier. Polizei erschießt Brieftaube. Spiegel online vom 2. 9. 2017.

Dehlinger, K., Tarnowski, K., House, J. L., Los, E., Hanavan, K., Bustamante, B., Ahmann, A. J. & W. K. Ward (2013): Can trained dogs detect a hypoglycemic scent in patients with type 1 Diabetes? Diabetes Care, 36, 98–99.

D'Lima, Coralie (2008): Dolphin-human interactions, Chilika. Whale and Dolphin Conservation Society.

Dumville, J. C., Worthy, G., Bland, J. M., Cullum, N., Dowson, C., Iglesias, C., Mitchell, J. L., Nelson, E. A., Soares, M. O. & D. J. Torgerson (2009): Larval therapy for leg ulcers (VenUS II): randomised controlled trial. British Medical Journal 338, 1047–1057.

Edwards, T. L., Cox, C., Weetjens, B., Tewelde, T. & A. Poling (2015): Giant African pouched rats (Cricetomys gambianus) that work on tilled soil accurately detect land mines. Behavior Analysis in Practice, 48 (3), 696–700.

Egerton, F. (2003): A History of the Ecological Sciences: Part 8: Fredrick II of Hohenstaufen: Amateur Avian Ecologist and Behaviorist. Bulletin of the Ecological Society of America, 84 (1), 40–44.

Fagot, J. & R. G. Cook (2006): Evidence for large long – term memory capacities in baboons and pigeons and its implications for learning and the evolution of cognition. Proceedings of the National Academy of Sciences, 103 (46), 17564–17567; https://doi.org/10.1073/pnas.0605184103.

Fiegl, A. (2012): Meet Migaloo, World's First „Archaeology Dog". National Geographic News vom 11.12.2012.

Fischhaber, A. (2010): Wiesn-Wissen. Wie dressiert man Flöhe? Süddeutsche Zeitung vom 7.5.2010.

Fleissner, G., Holtkamp-Rötzler, E., Hanzlik, M., Winklhofer, M., Petersen, N. & W. Wiltschko (2003): Ultrastructural analysis of a putative magnetoreceptor in the beak of homing pigeons. Journal of Comparative Neurology, 458 (4), 350–360.

Ford, P. & M. Howell (1985): The beetle of Aphrodite and other medical mysteries. Random House, New York.

Frantz, L. A. F., Mullin, V. E., Pionnier-Capitan, M. und 28 weitere Autoren (2016): Genomic and archaeological evidence suggest a dual origin of domestic dogs. Science 352 (6290),1228–1231.

Freeman, G. E. & F. H. Salvin (1859): Falconry: Its Claims, History and Practice. Longman, Green, Longman and Roberts, London.

Fröhlich, A. (2017): Berlin-Brandenburgs CDU fordert Adler-Staffel zur Drohnenabwehr. Der Tagesspiegel vom 24.8.2017.

Fuertes, L. A. & A. Wetmore (1920): Falconry, the sport of kings. National Geographic Magazine, 38 (6), 429–460.

Gagliardo, A., Ioale, P., Savini, M. & J. M. Wild (2006): Having the nerve to home: trigeminal magnetoreceptor versus olfactory mediation of homing in pigeons. The Journal of Experimental Biology, 209 (15), 2888–2892.

García, B. E. & A. E. Hartman (2007): Ars Accipitraria: An essential dictionary for the practice of falconry and hawking, Yarak Publishing, London.

Gecker, J. (2012): Elephant dung coffee: An exotic, expensive brew. Sci-Tech Today vom 9.12.2012.

Gehring, D., Wiltschko, W., Güntürkün, O., Denzau, S. & R. Wiltschko (2012): Development of lateralization of the magnetic compass in a migratory bird. Proceedings oft he Royal Society, 279 (1745), 4230–4235.

Goodwin, J. (1982): A dyer's manual. Pelham Books, London.

Graeme, D. (2011): Loose Cannons: 101 Myths, mishaps and misadventurers of military history. Osprey Publishing, Oxford.

Grassberger, M. (2002): Ein historischer Rückblick auf den therapeutischen Einsatz von Fliegenlarven. NTM Zeitschrift für Geschichte der Wissenschaften, Technik und Medizin, 10 (1–3), 13–24.

Grassberger, M. (2002): Fliegenmaden: Parasiten und Wundheiler. Denisia, 6, 507–534.

Grassberger, M. & W. Hoch (2006): Ichthyotherapy as alternative treatment for patients with psoriasis: a pilot study. In: Evidence-based Complementary and Alternative Medicine, 3 (4), 483–488.

Gray, T. (1998): A Brief History of Animals in Space, NASA, History Divison.

Greenfield, A. B. (2004): A perfect red – Empire, espionage and the quest for the color of desire. Harper Collins Publisher, New York.

Guarino, B. (2016): Giant eagles terrorize Australian gold mine, take ‚selfie‘ with drone camera, The Washington Post vom 22. 11. 2016.

Gudger, E. W. (1919): On the Use of the Sucking-Fish for Catching Fish and Turtles: Studies in Echeneis or Remora, II., Part 1. The American Naturalist, 53 (627), 289–311.

Gudger, E. W. (1919): On the Use of the Sucking-Fish for Catching Fish and Turtles: Studies in Echeneis or Remora, II., Part 2. The American Naturalist, 53 (628): 446–467.

Hall, I. R., Brown, G. & A. Zambonelli (2007): Taming the truffle: the history, lore, and science of the ultimate mushroom. Timber Press, Portland, Oregon.

Haseder, I. & G. Stinglwagner (2000): Knaurs Großes Jagdlexikon, Knaur, Augsburg.

Hegmann, V. (1834): Allgemeine Witterungskunde. Ein tägliches Taschenbuch für Jedermann: besonders für Reisende, Forstbeamte, Landwirthe, Jagd- u. Gartenfreunde. Gedruckt bei Joh, Chr, Kempf, Herborn.

Heistinger, K., Heistinger, H., Lussy, H. & N. Nowotny (2011): Analysis of potential microbiological risks in Ichthyotherapy using Kangal fish (Garra rufa). In: Proceedings of the 4th Global Fisheries and Aquaculture Research Conference, the Egyptian International Center for Agriculture, Giza, Egypt, 3.–5. Oktober 2011.

Henkel, R. (2016): The North Face: erster Parka aus künstlicher Spinnenseide. Fashion United vom 2. 12. 2016.

Henneberg, C. (2016): Der heilende Kuss des Blutegels. Offenbach-Post vom 20. 6. 2016.

Hofmann, H. A. (1996): The cultural history of Chinese fighting crickets. A contribution not only to the history of biology. Biologisches Zentralblatt, 115, 206–213.

Holmes, L. A., Vanlaerhoven, S. L. & J. K. Tomberlin (2012): Substrate effects on pupation and adult emergence of Hermetia illucens (Diptera: Stratiomyidae). Environmental Entomology 42 (2), 370–374.

Humphries, T. (2003): Effectiveness of dolphin-assisted therapy as a behavioral intervention for young children with disabilities. Bridges, 1 (6), 1–9.

Jambeck, J. R, Geyer, R., Wilcox, C., Siegler, T. R., Perryman, M., Andrady, A., Narayan, R. & K. L. Law (2015): Plastic waste inputs from land into the ocean. Science, 347, 768–771.

Jamil, A. (2012): Snakes and charmers. The Friday Times, Vol. XXIV, No. 45.

Janssen, P. (2012): Elefanten verdauen Kaffee-Bohnen für Genießer. Die Welt vom 18. 12. 2012.

Jackson, C. E. (1997): Fishing with cormorants. Archives of Natural History, 24 (2), 189–211.

Jaworski, J. S. (2010): Properties of byssal threads, the chemical nature of their colors and the veil of Manoppello. In: Proceedings of the international workshop on the Scientific approach to the Acheiropoietos images.

Jenkins, D. (2003): The Cambridge History of Western Textiles. Cambridge University.

Jönsson, K. I., Rabbow, E., Schill, R. O., Harms-Ringdahl, M. & P. Rettberg (2008): Tardigrades survive exposure to space in low earth orbit. Current Biology, 18 (17), 729–731.

Jones. J. (2012): Arachnophobe creates cape woven from spider silk. CNN vom 26. 1. 2012.

Kadach, M. (2017): Archäologie-Hund: Flintstones Gespür für Knochen. Münchner Merkur vom 16. 8. 2017.

Kennedy, M. (2004):Tower's raven mythology may be a Victorian flight of fantasy. The Guardian vom 15. 11. 2004.

King, B. J. (2016): Is it cruel to have a monkey helper? As service animals, capuchins change people's lives – but they may suffer in the process. The Atlantic vom 2. 8. 2016.

Kistler, M. J. (2007): War Elephants, University of Nebraska Press, Lincoln, Nebraska.

Klikar, N. (2009): Wenn der Egel am Hund festhängt. Main-Post vom 13. 4. 2009.

Koch, R. L. (2003): The multicolored Asian lady beetle, Harmonia axyridis: A review of its biology, uses in biological control, and non-target impacts. Journal of Insect Science, 3, 32.

Körner, P. (2015): Esel sollen Wölfe in Niedersachsen beschützen. Spiegel online vom 12. 12. 2016.

Kollesch, J. & D. Nickel (1994): Antike Heilkunst. Ausgewählte Texte. Philipp Reclam junior, Stuttgart.

Kürschner, I. (2008): Barry. Die Hospizhunde vom Grossen St. Bernhard. AT-Verlag, Baden.

LANUV NRW (2011): Verwendung von Kangalfischen (Garra rufa) zu kosmetischen und therapeutischen Zwecken. Rundschreiben an Landräte, Oberbürgermeister und den Städteregionsrat Aachen vom 29. 9. 2011.

LANUV NRW (2011): Tierschutz: Verwendung von Kangalfischen (Rote Saugbarbe, Garra rufa) zu kosmetischen Zwecken nicht erlaubnisfähig! Pressemitteilung vom 29. 9. 2011.

Latzke, P. M. & R. Hesse (1988): Textile Fasern. Rasterelektronenmikroskopie der Chemie- und Naturfasern. Deutscher Fachverlag, Frankfurt am Main.

Lautz, T. (2000): Traditional Money and Cultural Diversity: Continuity and Change in the Pacific Region. In: Lane P. & J. Sharples (ed.): Proceedings of the ICOMON meetings, held in conjunction with the ICOM Conference, Melbourne, Australia, 10–16 October, 1998, 91–95.

Lawson, A. (2003): Snake charmers fight for survival. BBC News vom 6. 2. 2003.

Lehan, B. (1969): The Compleat Flea. John Murray, London.

Letzner, S., Gunturkun, O. & C. Beste (2017): How birds outperform humans in multi-component behavior. Current Biology, Volume 27, (18), 996–998.

Levene, D. (2012): Golden cape made with silk from a million spiders – in pictures. The Guardian vom 23. 1. 2012.

Levenson, R. M., Krupinski, E. A., Navarro, V. M. & E. A. Wasserman (2015): Pigeons (Columba livia) as trainable observers of pathology and radiology breast cancer images. PloS ONE 10 (11): e0141357. https://doi.org/10.1371/journal.pone.0141357.

Lohri, C. R., Diener, S., Zabaleta, I., Mertenat, A. & C. Zurbrügg (2017): Treatment technologies for urban solid biowaste to create value products: a review with focus on low- and middle-income settings. Reviews in Environmental Science and Bio/Technology, 16 (1), 81–130.

Ludwig, M. (2008): Unglaubliche Geschichten aus dem Tierreich, BLV Verlag, München.

Ludwig, M. (2010): Invasion. Wie fremde Tiere und Pflanzen unsere Welt erobern. Ulmer, Stuttgart.

Ludwig, M. (2011): Natur erleben. Monat für Monat. BLV Verlag, München.

Ludwig, M. (2015): Genial gebaut. Theiss-Verlag, Darmstadt.

Ludwig, M. (2015): Was Bienen mit einem Flughafen zu tun haben. Berliner Morgenpost vom 21. 2. 2015.

Ludwig, M. (2015): Stimmt es, dass Frösche das Wetter vorhersagen können? Berliner Morgenpost vom 25. 7. 2015.

Ludwig, M. (2015): Ist im Lippenstift wirklich Läuseblut enthalten? Berliner Morgenpost vom 1. 8. 2015.

Ludwig, M. (2015): Wenn Liebe und Tod nahe beieinander liegen. Berliner Morgenpost vom 26. 9. 2015.

Ludwig, M. (2015): Wie Schlangen Tausende Menschenleben gerettet haben. Berliner Morgenpost vom 4. 10. 2015.

Ludwig, M. (2016): Wenn Tiere als Spione eingesetzt werden. Berliner Morgenpost vom 9. 1. 2016.

Ludwig, M. (2016): Die erfolgreichsten Trüffel-Schnüffler der Welt. Berliner Morgenpost vom 13. 2. 2016.

Ludwig, M. (2016): Wenn Flöhe im Zirkus Fußball spielen. Berliner Morgenpost vom 16. 4. 2016.

Ludwig, M. (2016): Kostbare Gewänder vom Meeresgrund. Berliner Morgenpost vom 4.6.2016.

Ludwig, M. (2016): Zu Besuch im Monkey College. Berliner Morgenpost vom 30.7.2016.

Ludwig, M. (2016): Warum eine Fliege den Hunger auf der Welt lindern könnte. Berliner Morgenpost vom 10.9.2016.

Ludwig, M. (2016): Ein Schwangerschaftstest auf vier Beinen. Berliner Morgenpost vom 17.12.2016.

Ludwig, M. (2017): Wie man mit Tierkot Geld verdienen kann. Berliner Morgenpost vom 21.1.2017.

Ludwig, M. (2017): Gefiederte Hüter eines Weltreiches. Berliner Morgenpost vom 4.2.2017.

Ludwig, M. (2017): Wie ein Halbgott das Purpurrot entdeckte. Berliner Morgenpost vom 25.2.2017.

Ludwig, M. (2017): Fliegenlarven können Wunden heilen. Berliner Morgenpost vom 25.3.2017.

Ludwig, M. (2018): Affen als Erntehelfer. Zwangsarbeit in der Kokospalme. Tierwelt Schweiz vom 26.6.2018.

Ludwig, M. & H. Gebhardt (2007): Küsse, Kämpfe, Kapriolen. Sex im Tierreich. BLV Verlag, München.

Ludwig, M. & E. Dempewolf (2009): Papa ist schwanger. BLV Verlag, München.

Manaev, G. (2017): Why a special division of birds of prey guards the Kremlin. Russia Beyond vom 26.12.2017.

Marcone, M. (2004): Composition and properties of Indonesian palm civet coffee (Kopi Luwak) and Ethiopian civet coffee. Food Research International, 37 (9), 901–912.

Marino, L. & S. O. Lilienfeld (2007): Dolphin-Assisted Therapy: More flawed data and more flawed conclusions. Anthrozoös: A Multidisciplinary Journal of the Interactions of People and Animals, 20 (3), 239–249.

McCarthy, M. (2006): Ravens, the literary birds of death, come back to life in Britain. The Independent vom 23.1.2006.

McGovern, P. E. & R. H. Michel (1985): Royal Purple dye: tracing the chemical origins of the industry. Anal. Chem., 57, 1514A–1522A.

Milman, O. (2012): World's most expensive coffee tainted by ‚horrific‘ civet abuse. The Guardian vom 11.11.2012.

Milsten, R. (2000): The Sexual Male: Problems and solutions. W. W. Norton & Company. New York.

Mitterer, J. (2015): Auf sie mit Iah! Zeit vom 26.3.2015.

Mora, C. V., Davison, M., Wild, J. M. & M. M. Walker (2004): Magnetoreception and its trigeminal mediation in the homing pigeon. Nature, 432 (7016), 508–511.

Mory, R. N., Mindell, D. & D. A. Bloom (2000): The Leech and the Physician: Biology, Etymology, and Medical Practice with Hirudinea medicinalis. World Journal of Surgery, 24 (7), 878–883.

Murphy, J. C. (2010): Secrets of the Snake Charmer: Snakes in the 21st Century. iUniverse, New York.

Nathanson, D. E. (1998): Long-Term effectiveness of dolphin – assisted therapy for children with severe disabilities. Anthrozoös: A Multidisciplinary Journal of the Interactions of People and Animals, 11 (1), 22–32.

Nathanson, D. E. (2007): Reinforcement Effectiveness of animatronic and real Dolphins, Anthrozoös: A Multidisciplinary Journal of the Interactions of People and Animals, 20, 2, 181.

Nelson, D. (2009): Former camel jockeys compensated by UAE. The Telegraph vom 5.5.2009.

Njeru, G. (2016): Don't pooh-pooh it: Making paper from elephant dung. BBC News vom 5.5.2016.

N. N. (1957): Muscovites told space dog is dead. New York Times vom 11.11.1957.

N. N. (1994): Missionary for toad venom Is facing charges. New York Times vom 20.2.1994.

N. N. (1994): Couple avoid jail in toad extract case. New York Times vom 1.5.1994.

N. N. (2007): Toad smoking uses venom from angry amphibian to get high. FOX News. Kansas City vom 3.12.2007.

N.N. (2007): Dolphin therapy' a dangerous fad, researchers warn. Science Daily vom 18.3.2007.

N.N. (2008): Amok on the rock: Gibraltar to cull pack of their national symbol monkeys because they are a nuisance. Daily Mail vom 16.4.2008.

N. N. (2014): Frettieren. Deutsche Jagdzeitung vom 21.8.2014.

N. N. (2015): Tower of London's Jubilee raven released. BBC News vom 26.12.2015.

N. N. (2017): Kampf gegen Müll – Forscherin entdeckt zufällig Plastik fressende Raupe. Der Spiegel vom 24.4.2017.

N.N. (2018): Erste Drohnen-Adler der Schweiz sind geschlüpft. Blick vom 15.3.2018.

Nossov, K: (2008): War Elephants. Osprey Publishing, Oxford.

Nussbaumer, M. (2000): Barry vom Grossen St. Bernhard. Simowa-Verlag, Bern.

Nyáry, J. (2007): Die geheime Leidenschaft der Maria Callas. Hamburger Abendblatt vom 18.8.2007.

Ocker, K. (1993): Agents intercept 223 live snakes stuffed with drugs. Sun Sentinel vom 3.7.1993.

Olkowicz, S., Kocourek, M., Lučan, R. K., Porteš, M., Fitch, W. T., Herculano-Houzel, S. & P. Němec (2016): Birds have primate-like numbers of neurons in the forebrain. Proceedings of the National Academy of Sciences, 113 (26), 7255–7260.

Olsen, A., Prinsloo, L. C., Scott, L. & A. K. Jägera (2008): Hyraceum, the fossilized metabolic product of rock hyraxes (Procavia capensis), shows

GABA-benzodiazepine receptor affinity. South African Journal of Science, 103, 437–438.

Peachey, P. (2010): UAE defies ban on child camel jockeys – Middle East – World. The Independent vom 3.3.2010.

Penha, J. (2012): Excreted by imprisoned civets, kopi luwak no longer a personal favorit. The Jakarta Globe vom 4.8.2012.

Phipps, E. (2010): Cochineal Red: The art history of a color. The Metropolitan Museum of Art, New York.

Pickering, G .J, Lin, J. Y., Riesen, R., Reynolds, A., Brindle, I. & G. Soleas (2004): Influence of Harmonia axyridis on the Sensory Properties of White and Red Wine. American Journal for Enology and Viticulture, 55 (2), 153–159.

Pieters, J. (2017): Dutch police drops drone-hunting eagles project. NL Times vom 7.12.2017.

Pleasance, C. (2018): Twelve camels are disqualified from Saudi Arabian beauty contest for using Botox. Daily Mail vom 24.1.2018.

Pöppinghege, R. (2009): Tiere im Krieg: Von der Antike bis zur Gegenwart. Verlag Ferdinand Schöningh, Paderborn.

Poling, A., Weetjens, B., Cox, C., Beyene, N. W., Bach, H. & A. Sully (2011): Using trained pouched rats to detect land mines: another victory for operant conditioning. Behavior Analysis in Practice, 44 (3), 351–355.

Preissing, S. (2009): Tabu – Das Muschelgeld der Tolai in Papua Neuguinea. Zeitschrift für Sozialökonomie, 46, 38–40.

Pycroft, A. T. (1935): Santa Cruz red feather-money – Its manufacture and use. In: The Journal of the Polynesian Society, 44, 173–183.

Rance, P. (2003): Elephants in warfare in late antiquity. Acta Antiqua Academiae Scientiarum Hungaricae, 43, 355–384.

Rathenow, S. (2014): Wundertiere. Diese Heldenratten retten Leben. WELT vom 26.9.2014.

Rebecchi, L., Altiero, T., Cesari, M., Bertolani, R., Rizzo, A. M., Corsetto, P. A. & R. Guidetti (2011): Resistance of the anhydrobiotic eutardigrade Paramacrobiotus richtersi to space flight (LIFE-TARSE mission on FOTON-M3). Journal of Zoological Systematics and Evolutionary Research, 49, 1439–1469.

Richards, B. (1994): Toad-smoking gains on toad-licking among drug users --- toxic, hallucinogenic venom, squeezed, dried and puffed, has others turned off. Wall Street Journal vom 7.3.1994.

Richelson, J. T. (2002): The Wizards of Langley: Inside the CIA's Directorate of Science and Technology. Westview Press, Boulder, Colorado.

Riehl, J. P. (2010): Mirror-image asymmetry: an introduction to the origin and consequences of chirality. Wiley & Sons, Hoboken, New Jersey.

Roach, J. (2006): Remote-Controlled Sharks: Next Navy Spies? National Geographic News vom 6.3.2006.

Sato, H., Peeri, Y., Baghoomian, E., Berry, C. W. & M. M. Maharbiz (2009): Radio-controlled cyborg beetles: A radio-frequency system for insect neural flight Control. Proceedings of the IEEE International Conference on Micro Electro Mechanical Systems (MEMS 2009), Sorrento, Italy, 216–219.

Sayili, M., Akcaa, H., Dumanb, T. & K. Esengun (2007): Psoriasis treatment via doctor fishes as part of health tourism: A case study of Kangal Fish Spring, Turkey. Tourism Management, 28 (2), 625–629.

Schäfer, S. (2012): Gaga-Diäten Teil 1: Kinderriegel erlaubt, Yogurette verboten. Spiegel-Online vom 6.6.2012.

Schafer, E. H. (1957): War elephants in ancient and medieval china. Oriens, 10 (2), 289–291.

Scheen, T. (2009): Ronaldinho frisst sich durchs Minenfeld. Frankfurter Allgemeine Zeitung vom 2.9.2009.

Schukowa, T. (2017): Kremls gefiederte „Abfangjäger". Öffentliche Sicherheit: Magazin des Bundesministerium für Inneres, 9/10, 41–42.

Sconocchia, S. (1983): Scribonii Largi Compositiones. Teubner, Leipzig.

Seidler, C. (2017): Streit um Forschungsarbeit. Frisst diese Raupe wirklich Plastik? Der Spiegel vom 31.8.2017.

Sharma S. (2004): Trade of Cordyceps sinensis from high altitudes of the indian himalaya: Conservation and biotechnological priorities. Current Science, 86 (12), 1614–1619.

Shelton, N. (2007). Drug sweep yields weed, coke, toad. KC Community News vom 7.11.2007.

Shirong, M., Changhe, H., Chuanzhen, Z., Jin, M., Zhaocheng, Z. & Y. Maoyuan (1982): The Tangshan Earthquake of 1976. Seismological Press. Beijing, China.

Soares, M. O., Iglesias, C. P., Bland, J. M., Cullum, N., Dumville, J. C., Nelson, C. A., Torgerson, D. J. & G. Worthy (2009): Cost effectiveness analysis of larval therapy for leg ulcers. British Medical Journal, 338, 1050–1054.

Starbird, E. A. (1981): The bonanza bean: Coffee. National Geographic, 159 (3), 388–405.

Stearns, R. E. C. (1869). Shell-money. The American Naturalist 3 (1), 1–5.

Stevenson, P. A. & J. Rillich (2012): The decision to fight or flee. Insights into underlying mechanism in crickets. Frontiers in Neuroscience, 6, 118, doi: 10.3389/fnins.2012.00118.

Stoll, A. (2014): Diäten-Wahn: Bandwurm oder Seife gegen Körperfett. Augsburger Allgemeine vom 5.3.2014.

Strain, D. (2011): Fleas leap from feet, not knees. Science News vom 2.10.2011.

Strassman, R. (2004): DMT – Das Molekül des Bewusstseins, AT Verlag, Aarau.

Süß, C. (2012): Pediküre in der Grauzone. Frankfurter Rundschau vom 22.6.2012.

Swan, M. (2016): UAE university develops new test for doping in camel racing. The National vom 4.11.2016.

Sullivan, W. (1982): Truffles: Why pigs can sniff them out. The New York Times vom 24. 3. 1982.

Temkin, O. (1934): Galen's advice for an epileptic boy. Bulletin of the Indian Institute of History of Medicine, 3, 179–189.

Termentini, F., Esposito, S. & M. Balsi (2008): Experimenting with new technologies for technical survey in humanitarian demining. Journal of ERW and Mine Action, 12 (2), 41.

Thomas S., Wynn K., Fowler T. & M. Jones (2002): The effect of containment on the properties of sterile maggots. British Journal of Nursing, 11 (12), 21–22.

Treiber, C. D., Salzer, M. C., Riegler, J., Edelman, N., Sugar, C., Breuss, M., Pichler, P., Cadiou, H., Saunders, M., Lythgoe, M., Shaw, J. & D. A. Keays (2012): Clusters of iron-rich cells in the upper beak of pigeons are macrophages not magnetosensitive neurons. Nature, 484 (7394), 367–370.

Tributsch, H. (1990): Wenn die Schlangen erwachen. Deutsche Verlags-Anstalt, Stuttgart.

Tsoucalas, G., Karamanou, M., Lymperi, M., Gennimata. V. & G. Androutsos (2014): The „torpedo" effect in medicine. International Maritim Health Journals, 64, 65–67.

Tucker, M. E. (2016): Can diabetes alert dogs help sniff out low blood Sugar? NPR vom 29. 7. 2016.

Tucker, E. (2012): From Oral Tradition to Cyberspace – Tapeworm Diet Rumors and Legends. In: Trevor J. Blank: Folk Culture in the Digital Age. Utah State University Press.

U.S. Central Intelligence Agency (1967). Memorandum: Views on trained cats use. George Washington University. März 1967.

Unger, K. (2013): Farm 432: Insect Breeding. Dezeen Magazine vom 5. 3. 2013.

United States Department of Justice-Civil Rights Division (2010): Highlights of the final rule to amend the Department of Justice's regulation implementing Title II of the ADA.

Valderrama, X., Robinson, J. G., Attygalle, A. B. & T. Eisner (2000): Seasonal anointment with millipedes in a wild primate: a chemical defense against insects? Journal of Chemical Ecology, 26 (12), 2781–2790.

Vilcinskas, A., Stoecker, K., Schmidtberg, H., Röhrich, C. R. & H. Vogel (2013): Invasive Harlequin Ladybird Carries Biological Weapons Against Native Competitors. Science, 340, 6134, 862–863.

Volz, W. (1854): Geschichte des Muschelgeldes. Zeitschrift für die gesamte Staatswissenschaft, 10 (1), 83–122.

Wachter, D. S. (2017): Wie gut kann Honig eigentlich sein, der von Flugzeugen und Kerosin umgeben ist? Stern vom 9. 11. 2017.

Walcott, C. (1996): Pigeon Homing: Observations, experiments and confusions. Journal of Experimental Biology, 199, 21–27.

Wallraff, H. G. (2004): Avian olfactory navigation: its empirical foundation and conceptual state: Animal Behaviour 67 (2), 189–204.

Wang, F. (1979): Historic Earthquakes: The 1976 Tangshan earthquake. Earthquake Information Bulletin (USGS), 11 (3), 106–109.

Watanabe, S. (2001): Van Gogh, Chagall and pigeons: picture discrimination in pigeons and humans. Animal Cognition, 4 (3–4), 147–151.

Watanabe, S., Sakamoto, J. & M. Wakita (1995): Pigeons' discrimination of paintings by Monet and Picasso. J. Exp. Anal. Behav., 63 (2), 165–174.

Weber, C., Pusch, S. & T. Opatz (2017): Polyethylene bio-degradation by caterpillars? Current Biology, 27 (15), 744–745.

Weldon, P. J., Aldrich, J. R., Klun, J. A., Oliver, J. E. & M. Debboun (2003): Benzoquinones from millipedes deter mosquitoes and elicit self-anointing in capuchin monkeys (Cebus spp.). Naturwissenschaften, 90 (7), 301–304.

Wells, M., Manktelow, R. T., Boyd, J. B. & V. Bowen (1993): The medical leech: an old treatment revisited. Microsurgery, 14 (3), 183–186.

Whitelocks, S. (2015): Quit monkeying around! Greedy Gibraltar primate munched on baguette after stealing it from tourist's bag. Main Online vom 12. 1. 2015.

Winkler, D. (2008): Yartsa Gunbu (Cordyceps sinensis) and the Fungal Commodification of Tibet's Rural Economy. Economic Botany, 62 (3), 291–305.

Wittke-Michalsen, E. (2007): The History of Leech Therapy. In: Michaelsen, A., Roth, M. & G. Dobos: Medicinal Leech Therapy. Thieme Verlag, Stuttgart.

Wood, W., Fields, B., Rose, M. & M. McLure (2017): Animal-Assisted Therapies and Dementia: A systematic mapping review using the lived environment life Quality (LELQ) model. American Journal of Occupational Therapy, 71 (5), 7105190030p1-7105190030p10.doi:10.5014/ajot.2017.027219.

World Health Organization (2017): Global tuberculosis report, Geneva.

Yacoubou, J. (2010). Q & A on Shellac. Vegetarian Resource Group Blog vom 30. 11. 2010.

Yamamoto, M., Futamura, Y., Fujioka, K. & K. Yamamoto (2008): Novel production method for plant polyphenol from livestock excrement using subcritical water reaction. International Journal of Chemical Engineering Volume 2008 (2008), Article ID 603957, http://dx.doi.org/10.1155/2008/603957.

Yaron, G. (2011): Secret agent vulture tale just the latest in animal plots. Toronto Star vom 5. 1. 2011.

You, T. (2015). „China harvests ,panda poo tea' which sells for £ 46,000 per kg". Daily Mail vom 4. 3. 2015.

Webseiten

http://www.t-online.de/leben/essen-und-trinken/id_54412262/elchkaese-der-teuerste-kaese-der-welt.html

https://wifisteiermark.com/2017/01/28/die-10-teuersten-kaesesorten-der-welt/

http://www.alces-alces.com/verhalten/haustier/haustier.htm

https://www.telegraph.co.uk/news/uknews/9733879/Novak-Djokovic-buys-up-annual-supply-of-donkey-cheese.html

http://www.fao.org/docrep/field/003/AC286E/AC286E01.htm

http://www.traumbad.de/nxs/731///traumbad/schablone1/Die-Geschichte-der-Naturschwaemme

https://www.marie-natur.de/schwammladen/geschichte-des-naturschwammes/

Bildnachweis